别让情绪失控害了你

张笑恒 著

北京日报出版社

图书在版（CIP）编目数据

别让情绪失控害了你 / 张笑恒著 . -- 北京：北京日报出版社，2024.6
　　ISBN 978-7-5477-4813-8

　Ⅰ.①别… Ⅱ.①张… Ⅲ.①思维方法 Ⅳ.①B804

中国国家版本馆 CIP 数据核字 (2024) 第 026908 号

别让情绪失控害了你

出版发行：	北京日报出版社
地　　址：	北京市东城区东单三条 8-16 号东方广场东配楼四层
邮　　编：	100005
电　　话：	发行部：（010）65255876
	总编室：（010）65252135
印　　刷：	三河市双升印务有限公司
经　　销：	各地新华书店
版　　次：	2024 年 6 月第 1 版
	2024 年 6 月第 1 次印刷
开　　本：	710 毫米 ×1000 毫米　　1/32
印　　张：	5
字　　数：	120 千字
定　　价：	59.80 元

版权所有，侵权必究，未经许可，不得转载

前言
▸ PREFACE

你并不想与人发生冲突,但你总是被人激怒,所以人际关系总受挫;你很有才华,但总是不能升职,因为你暴躁易怒的脾气不利于团队协作;你无意伤害自己的亲人,但你习惯了大吼大叫,所以家庭关系很紧张……

你的人际关系、职场前途、婚姻家庭,乃至你的幸福都在被你的坏脾气拖累。

拿破仑曾说:"能控制好情绪的人,比能拿得下一座城池的将军更伟大。"盛怒之下,理智全被怒气所占据,在怒气的支配下,人会变得冲动而鲁莽,进而容易做出一些让人追悔莫及的事。

所以,有人说,成年人一生的运气都藏在"情绪稳定"这四个字里。

一个人最好的修养是能够控制情绪,始终温和待人。罗伯特·怀特曾说:"任何时候,一个人都不应该做自己情绪的奴隶,不应该使一切行动都受制于自己的情绪,而应该反过来控制情绪。"

想要情绪稳定,第一步就要正确认识情绪。情绪处于积极区间时,要充分利用这段时间做好手中的工作;情绪处于消极区间时,切忌随意发泄,以免伤人害己。驾驭情绪,跟情绪和平共处,才能让它成为我们的助力。

人的思维可以分为感性思维和理性思维。经常控制不住自己情绪的人,往往感性思维占据主导地位,而真正优秀的人能够以大局为重,把情绪控制住。

"怒不过夺,喜不过予。"拥有自信与魄力之人,从来不会让情绪来左右自己。

电影《教父》中有句著名台词:"永远不要让家族外的人知道你的想法。"教父的大儿子没有控制好自己的情绪,最终被杀。教父的小儿子却不动声色,保护了父亲,最终成功报复了凶手。

在人生这个"竞技场"里,我们要学着控制情绪,从而保持一个清醒稳定的心态。苏轼在《留侯论》中写道:"天下有大勇者,卒然临之而不惊,无故加之而不怒。"这句话的意思是,真正勇敢的人,面对突如其来的变故能够处变不惊,面对无端的攻击能够泰然处之。

明末清初作家李渔控制情绪的方法是写字:"予无他癖,唯有著书。忧籍以消,怒籍以释。"郑板桥在官场受挤压而郁郁不得志时,则提笔画竹。

好的情绪管理来自于一颗强大而又淡泊的心。诸葛亮说:"非淡泊无以明志,非宁静无以致远。"一些小的得与失、祸与福要看淡,一些过去的伤和痛也要学会放下,要明白"命里有时终须有,命里无时莫强求"的道理。

人的成功与自己控制情绪的能力大小有着密切关系。心理学家经过长期研究认为:"人与人之间的智商并没有明显的差别,但有的人之所以成功,有的人之所以未能成功,与各自的情商有密切关系。"

英国诗人弥尔顿说:"一个人如果能控制自己的情绪、欲望和恐惧,那他就胜过国王。"我们无法改变天气,却可以改变心情。当我们学会管理内心的负面情绪时,我们的内心就会充满阳光和力量。

目 录
▶▶ CONTENTS

PART 1 你为什么控制不住坏脾气

1. 成年人的崩溃，就在一瞬间 / 002

2. 坏脾气是天生的吗 / 005

3. 人人都有的情绪周期 / 008

4. 学会接纳自己的坏情绪 / 011

PART 2 "混"职场，从容应对挑战和压力

1. 受了委屈，也别冲动裸辞 / 015

2. 工作中被冷落，怎么应对 / 019

3. 摆脱职场"受害者心态" / 022

4. 拥有被讨厌的勇气 / 026

PART 3 积极思维，开心每一天的密码

1. 不为往事悔恨，不为未来担忧 / 031

2. 不要抓住自己的错误不放 / 035

3. 怀旧情绪适可而止 / 039

4. 多角度思考，不必一条路走到黑 / 043

5. 以乐观的心态给恶性循环刹车 / 047

6. 那些不能看开的不如遗忘 / 051

7. 学会归零思考，不做回忆的奴隶 / 054

8. 不回避有可能给我们带来愉悦感的活动 / 058

PART 4 一谈恋爱就情绪不稳定，怎么破

1. 你需要认清爱情 / 062

2. 遇到"妈宝男"该怎么办 / 066

3. 爱情如戏，你必须遵守规则 / 069

4. 爱上一个人还是爱上爱情 / 073

5. 因为你，我忘记爱自己 / 076

6. 感谢你参与我的青春 / 080

PART 5 好的婚姻,需要好的情绪

1. 婚姻不是"非对即错" / 085

2. 性格不同,如何地久天长 / 089

3. 婚姻不是感情的战场 / 093

4. 婚姻需要正能量 / 096

5. 婚姻是一场两个人的修行 / 099

6. 一句"我养你",毁了多少人 / 103

7. 婚姻中不委曲求全才能幸福 / 106

PART 6 朋友相处,最难得的是情绪价值

1. 与乐观的人在一起,你也会活力满满 / 111

2. 感恩在困难中帮助你的朋友 / 115

3. 最长久的关系:彼此信任和理解 / 118

4. 最舒服的关系:彼此温暖,相互治愈 / 121

PART 7
不拧巴不较劲，遇见更美好的自己

1. 最美的神情是气定神闲 / 125
2. 该放手时就要果断放手 / 129
3. 完美是奢望，缺憾才是人生 / 133
4. 活得累？请减少情绪内耗 / 136

1. 嫉妒，促使你不断成长 / 140
2. 愤怒，帮助我们保持人格的完整 / 143
3. 焦虑，是保持行动力的要素 / 146
4. 自卑，让你努力超越自我 / 150

PART 8
从负面情绪中获取正能量

你为什么控制不住坏脾气

PART 1

① 成年人的崩溃，就在一瞬间

成熟、稳重、冷静……这些好像已经成为成年人的代名词，似乎他们总是能从容不迫地处理各种事情，总是能情绪稳定地面对困难。但成年人也会慌张，也会崩溃，也会在一瞬间情绪大爆发。

现代社会生活节奏快，成年人肩负着巨大的责任和压力。他们为了生活而奔波，为了家庭而奋斗，生活的重担已经把他们压得喘不过气来，所以根本就没有时间照顾自己的情绪。但这种积压的情绪总有"Hold 不住"的时候，因此在某一刻他们可能会情绪失控。

杭州有个小伙子因为骑车逆行被交警拦了下来。刚开始小伙子是懵的，之后他接了一个电话，突然情绪崩溃大哭，跪在地上求交警放自己走。

后来，交警让小伙子坐在一边平复心情，小伙子抽抽噎噎地说起原因。原来，小伙子每天都要加班到晚上 12 点，但是当天加班的时候女友没带钥匙,想要他送钥匙回家。在回去的路上,小伙子一边面对单位的加班催促,一边收到女友催促钥匙的消息。他为了节省时间而逆行,结果被交警拦了下来。一时间焦急和委屈涌上心头,小伙子就崩溃了。最后,交警的安慰让他情绪稳定了下来,他也承诺之后会把罚款补上。

很多时候,情绪崩溃来自成年人积累已久的辛酸。巴尔扎克在《高老头》中写过这样一句话:"人生到处是真苦难,假欢喜。"当成年人日复一日地努力生活,却仍然得不到回报的时候,这种负面情绪的积累会让他们更加无力,也更加容易崩溃。

我们自从步入社会之后,是否就很少哭泣了?即使面对再多的困难,我们也总想咬紧牙关去面对。时间长了,我们可能觉得自己变得更坚强了,好像变得刀枪不入。可事实并非如此,我们只是把负面情绪一次次压在了心底,强行让自己伪装坚强,不愿意暴露自己的软肋,不想让别人觉得自己不行。最后,一件小事就能成为压死骆驼的最后一根稻草,让我们长久以来压抑的情绪彻底失控。

在电视剧《请回答1988》里,德善的奶奶去世了,她连夜乘车赶往奶奶家参加葬礼,可一进门就看到院子里的人都在吃喝玩乐:姑姑们在开心地谈论着自己的金戒指,爸爸陪着前来吊唁的亲戚们喝酒、唱歌。

德善觉得很奇怪:奶奶去世了,为什么爸爸和姑姑们看起来一点也不伤心?等到客人们都走了之后,大伯才从美国赶了回来。爸爸和姑姑们本来是很平静的,但他们看到大哥的那一刻,就情绪崩溃了,几个人抱在一起,泣不成声。

成年人不是不会哭,而是他们平时要在外人面前表现自己的坚强,在小辈面前展现自己的可靠。当有人能接受他们的软弱时,他们还是会忍不住崩溃。

我们会在一瞬间情绪崩溃,还可能是因为不知道怎么处理情绪。每个人都会有情绪,但并不是每个人都能读懂自己的情绪。

就像在职场上会存在新手,在面对负面情绪时,我们也可能是什么都不懂的小白。当令人压抑和难过的情绪出现时,我们不知道怎么表达,也不知道怎么发泄,只能先默默忍了下来。我们开心的时候,不敢开怀大笑,对自己说:"我不能太骄傲。"我们难过的时候,不敢放声哭泣,对自己说:"我没关系的。"

我们可能总是下意识地忽略自己的情绪,久而久之,那些难以处理的情绪就会被关进禁区,成为无法触碰的"逆鳞"。我们不想面对,也不想疏解。然而,这些情绪终究是要宣泄出来的,不在此时,就在彼时,不是以这种方式,就是以那种方式。

就算我们不想面对,那些负面情绪也一直在积累。这些被压抑的情绪会在生理和心理上不断攻击我们。我们的内心像一直在蓄洪的水库,可能早就没办法承载它们了。情绪崩溃从来就不是一瞬间的事情,而是刚好在那个时刻"决堤"了。

② 坏脾气是天生的吗

每个人都会遇到烦心事，每个人也都会有心情非常糟糕的时候。我们因为各种事情变得压力满满的时候，可能会用各种方式把自己的情绪释放出去。

但有的人不会用合理的方式处理情绪，总是大吼大叫，乱发脾气，甚至把脾气发到不相干的人身上。这样发脾气虽然会让自己的心情变舒畅，但同时也会影响到其他人。而发完脾气之后，他们还会给自己找借口说"我天生就是急性子、暴脾气""我也没办法，控制不住"，想以此来获得别人的谅解。

难道坏脾气真的是天生的吗？实际上并非如此。

从客观上来说，环境的逼迫会让我们的脾气变得急躁。比如，一个人在婚后总是对另一半吹毛求疵，动不动就找碴儿，对方自然也没办法在这样的家庭环境中保持心平气和。又或者，一个人处在一个对他非常不友好的集体当中，其他人总是无视他，甚至欺负他，他也没办法总是用好脾气来面对别人的冷漠。

大多数人都是希望得到尊重和理解的，如果得不到这些，那么坏情绪就会积累，坏脾气也会随之而来。因此，很多人并不是因为天生爱乱发脾气，而是实在没有办法，以至于只能用暴脾气去应对。

另外，童年其实对于每个人的成长都很重要。如果我们在童年没有得到足够多的关爱和安全感，长大后，我们的情绪管理能力也会变得很差。李玫瑾教授曾在《心理抚养》里写道："暴脾气的人多在生命初期被亏待过。"

某天，李玫瑾教授去外地出差，对方来了一位领导接机。路上，这位领导总是有很多电话要接。他在与电话那头的人对话的时候，总是说着说着就放大声音，看起来很急躁。等到他挂了电话，才跟李玫瑾教授道歉说："真不好意思，我就是个急脾气。"

李玫瑾教授笑着说："你小时候在照顾上一定被亏待过。"没想到这句话一下子就说到了领导的心坎上。他说因为小时候粮食短缺，妈妈总是忙着干农活儿，只有年纪还小的哥哥照顾他。每次他想见妈妈都得哭着闹脾气，但哭了半天也不会有人搭理。

再从主观上来说，虽然环境会影响脾气，但最重要的还是自身的原因。我们是真的控制不了脾气，还是只想拿坏脾气当作自己情绪管理失败的借口？有些人对待外人总是看起来温和大度，但对待自己的亲人时，就会变得什么都不顾，只想着发泄自己的坏情绪，这是怎么回事呢？

心理学上有一个概念，叫作"退行"。具体是指在遇到挫折的时候，如果条件允许，我们往往会放弃已经习惯的成人方式，转而退化到用小孩的方式去应对。因为在潜意识里，我们认为自己的亲人是安全的，无论怎么发泄自己的坏脾气，他们都会始终陪伴在我们身边。

既然坏脾气不是天生的，那些脾气很差的人，也许会为自己的坏脾气而苦恼。但坏脾气也能改变，甚至可以"治愈"。跟不一样的人交往，改变一下生活方式，或者试着跟脾气温和的人请教，等等，都能够对一个人的脾气和性格产生影响。

另外，乱发脾气往往是因为内心的需求没有得到满足，外在的坏脾气是内在的负面情绪的直接反应，也体现为内在需求。不过，我们要明白，任何方式的坏脾气对于我们来说都没有好处，把目光放到坏脾气背后的需求上才是最重要的。与其通过乱发脾气泄愤，不如好好洞察自己的真实需求，真正地去解决问题。

3

人人都有的情绪周期

我们可能在某段时间心情特别好,做什么事情都很积极,又可能在某段时间心情莫名地很低落,看什么都不顺眼,做什么都提不起劲来。其实,就像月亮有阴晴圆缺一样,我们的情绪也会有周期性的变化,可以被称为"情绪周期"。

情绪周期就是指一个人情绪的高潮与低潮交替所需要的时间。这个周期会反映人体内部周期性张弛的规律,所以也可以被称为"情绪生物节律"。

一般来说,大部分人的情绪周期都是与生俱来的,以 28 天为一个周期,从出生到死亡,一直在周而复始。一个周期可分为 3 个阶段:高潮期、临界期和低潮期。每个周期的前半部分时间为高潮期,中间过渡的那几天为临界期,后半部分时间为低潮期。

人们处在情绪周期中的高潮期时,精力充沛,对周围的事物有极大的兴趣,对其他人也会和颜悦色,还容易接受别人的批评和意见;

处于低潮期时，情绪就会比较糟糕，喜欢发脾气，做什么事情都很急躁，还总会觉得自己特别孤独；时间短暂的临界期也不能忽视，虽然只有两三天，但当人们处于这个阶段的时候，情绪起伏会非常大，喜怒不定，还容易和人发生冲突。

张凌是服装公司的业务员，有几天他心情莫名地非常不佳，还把自己的个人情绪带到了工作上。本来领导安排的工作一两个小时就能完成，但他用了一个上午才做完，最后还被领导训了一顿，心情就越发地烦躁了。后来，他出去跑业务，跟客户沟通的时候总是精神不集中，还对客户的问题答非所问，所以最后也没谈出什么结果。

领导看出张凌最近的状态不太好，就建议他去做一下心理咨询。张凌经过咨询才知道，自己可能是进入了情绪周期的低潮期。后面他经过自己慢慢调节，也恢复到了之前的状态。

情绪的周期性变化会影响到日常的生活和工作，所以我们可以根据情绪周期来安排自己的各种活动和计划。

当我们情绪高涨的时候，可以安排一些难度大、比较棘手，且需要集中精神的工作或活动。因为人们在情绪良好的时候，会更勇于迎接挑战，更能胜任一些有难度的任务，比如需要创造力的工作、从来没有试过的运动等等。

而当我们情绪低落的时候，可以先放下手上的事情，做一些不费脑子和精力的简单工作，稍微休息一下。比如，可以减少一些工作量，先保证把部分工作做好；或者交替进行不同难度的工作，等心情稍微恢复的时候，再做难一点的工作。在情绪低落的时候，我们千万不要勉强自己，可以放松思想，多参加一些集体活动。

虽然人们都会在情绪上有周期性的变化，但具体到每个人却是因人而异的。有的人低潮期会长一些，而有的人高潮期会长一些；有的人情绪变化大的时候在月初，而有的人在月末；有的人情绪变化明显，而有的人不明显。所以，我们要留心观察自己的情绪变化。

我们可以为自己准备一个情绪笔记本，根据日期做一个表格，每天在睡觉之前，对自己一天的状态做一个评估：是高兴还是低落？是兴奋还是疲惫？用几个简单的词语做一个总结。每当自己情绪非常低落的时候，着重标记一下，并且记录下来是否有某些事情造成了自己的忧虑。这样坚持1到2个月的时间，我们就可以大致总结出自己的情绪周期。

尽管情绪周期可能无法避免，但当我们充分了解专属于自己的情绪规律后，就可以帮助自己规避生活中的很多问题。我们还可以把自己的情绪周期告诉亲朋好友等亲密的人，让对方帮助自己克服不良情绪，这样还能避免负面情绪给自己的社交带来不便。我们也可以根据自己的情绪周期安排自己的计划，在特定的时间做合适的事情，将重要的事情安排在低潮期之外，帮助我们更好地生活。

学会接纳自己的坏情绪

在日常生活中，我们总会不可避免地产生一些坏情绪。它们可能源于我们生活、工作、社交等方面的不如意，很容易把我们带进情绪的低谷。我们被坏情绪影响之后，心理上会感到担忧和焦虑，生理上也会变得不适，容易厌食、失眠。

我们总觉得愉悦的事情会让自己开心，而痛苦的事情会让自己情绪低落，所以我们会极力回避悲伤、痛苦等坏情绪，本能地不想接纳坏情绪，只想跟坏情绪对立。但这种心理上的拉扯和对抗也是痛苦的，只会让我们越陷越深。

哈佛大学的"幸福课"导师泰勒·本-沙哈尔说："我们越是抗拒坏情绪，它越会气势汹汹，无孔不入；相反，如果我们接纳它，愿意与它和平共处，比如'现在我是生气的，我允许自己生气'，这时气愤便不再那么有威力，我们反而更容易获得平静。"这就是接纳坏情绪的力量。

有位在读女博士,她平时总是温文尔雅,整个人由内而外都散发出理性和淡然的气息。有人问她:"你是不是从来没有情绪失控的时候?"她笑了笑说:"当然不是。"

她的学术论文曾经被期刊拒稿,那天她一边坐在食堂里吃饭,一边痛哭流涕。她在心里对自己说:不就是退稿嘛,就算是延期毕业,天也不会塌下来,不如冷静一点。但她的心里也有另外一个声音:你可以难过,也可以哭泣,遇到这种情况你也理应感到难过。

她接纳了自己的情绪,也慢慢接受了现实,最终情绪也得到了平复。

其实很多时候,我们对各种情绪的理解有一个误区,总觉得好的情绪才能被接纳,坏的情绪就要被丢掉。但就像我们每个人都有优点和缺点一样,所有的情绪都有它存在的意义,不能用单纯的"好"和"坏"来判断。比如,坏情绪虽然很糟糕,但是它有时却能够为我们提供前进的动力。坏情绪虽然让我们苦恼、焦虑,但也是对我们心智的一种淬炼。我们经历的每一次坏情绪,都是内心获得成长的契机。

我们总是能在影视作品里看到那些"置之死地而后生"的桥段,主人公总是会在自己情绪低落的时候爆发出强大的力量,从而逆转悲惨的现状。这在心理学上也有依据,相较于追求快乐,人们摆脱坏情绪的动机反而更加强烈。

坏情绪也是一种好的提醒。坏情绪的出现不是为了伤害我们,而是在用它们的存在来提醒我们、保护我们。当我们难过时,坏情绪提醒我们要在意自己的感受;当我们愤怒时,坏情绪提醒我们要找到解决问题的方法；当我们沮丧时，坏情绪提醒我们要继续努力。我们只有理解并接纳坏情绪之后，才能明白自己到底为什么会这样，之后才能更好地调整和改善。

也可以说，我们真正抵制的从来不是情绪，而是不能太过"情绪化"。所以，在产生坏情绪的时候，我们不能放任这些情绪堆积在心里。接纳情绪只是情绪管理的第一步，最好可以用坦然的心态接纳情绪，再用反思的姿态考量。

我们要像接受快乐一样，去自然地接受焦虑和愤怒等情绪，让它们在心里游走，但不要过度放大它们，也不要打压控制。如果你实在承受不了，不妨先深呼吸60秒，让大脑冷静下来，再适度地发泄以平复情绪。比如，当你对一件事情感到极其愤怒，想打人或者骂人时，可以先喝口水冷静一下，然后去跑跑步运动一下，在运动的过程中想想自己为什么会这么愤怒，再思考怎么解决。

谁也不能保证自己一辈子都会是快乐的，能够让我们产生不良情绪的事情太多了，可是如果我们总是沉浸在负面情绪里，只会被它牵着鼻子走。我们要明白，喜怒哀乐都是自然的，只有勇敢接纳它们，我们才能成就更好的自己。

"混"职场,从容应对挑战和压力

PART 2

1

受了委屈,也别冲动裸辞

现在很多人辞职都是因为工作不顺心,受了委屈,他们很可能一气之下就选择了裸辞。虽然裸辞的那一刻很潇洒,但没过几天可能就会后悔。没有了稳定的收入,也失去了发展的平台,那些焦虑情绪很快就会把我们淹没。

曾国藩说:"受不得穷,立不得品;受不得屈,做不得事。"如果我们忍受不了贫穷,就磨炼不出坚韧的品质;如果我们忍受不了委屈,就做不成一番事业。身在职场,我们遭受委屈和挫折是很正常的事情,这是每个人都需要鼓起勇气去面对的。

陈杰做送餐骑手已经两年多了。某天他送外卖的时候,订餐的女士想让他顺便把垃圾带到楼下去。他觉得这超出了自己的工作范围,而且自己的手要拿食物,如果拿垃圾就不卫生了,于是拒绝了这位女士的要求。陈杰没想到这位女士事后给了他一个差评,理由是"服务不好"。他顿时觉得很委屈、很愤怒,况且这个差评给自己带来的经济损失也很大。一时冲动之下,陈杰向上级提出了辞职。

后来陈杰冷静了下来。他想,这个世上不仅仅只有他自己在忍受工作上的委屈,何况这种情况还可以申诉。他明白自己在工作中受到一些委屈是在所难免的,于是洗了把脸,继续接单送餐去了。

无论我们是否选择辞职,心态都很重要。好的心态往往会引领我们向好的方向发展。而且工作其实没有想象中那么差劲,也没有哪一份工作是不受委屈的。我们在实现成长和突破之前,都需要沉淀。因为沉淀,我们才能在普通的工作中发现隐藏的机会。

我们在沉淀当中成长。当我们能力变强的时候,我们就有把握独自面对一些问题,不仅可以减少自己犯错误的机会,也让别人不敢轻易委屈自己。

杨毅是一家商贸公司的生产部经理。面对一张加急订单,他在上级只是口头同意的情况下,就为一家商业伙伴生产了一小批零件。等到产品生产出来的时候,那家公司的老板却因为其他事由"跑路"了。由于没有正式合同,上级也没有书面签字,责任都落到了杨毅头上。

杨毅很委屈,但他没有推卸责任,而是承担了下来,并向上级表示自己要尽力挽回损失。后来杨毅进行了市场调查,找到了新的客户,并把这批零件都顺利销售了出去。

经过这次事件,杨毅以后遇事都及时请示汇报,把风险降到最低。因为这种细致的工作作风，杨毅的事业发展得很顺利，职位逐渐升高，成了总经理。

杨毅没有因为挫折而放弃，而是改变自己的心态，选择沉淀自己，让自己变得更强大。也就是说，工作的成果都能靠自己创造出来，只要能沉住气，结果肯定不会太差。

有位成功的商人说："我从来不哭，因为我知道哭并不能帮助我；要是哭有用，我就每天哭。我们不应该哭，而应该让竞争对手哭。"不能从委屈里走出来，是弱者的表现；因为委屈越挫越勇，才是强者应有的气势。委屈不是我们退缩的借口，我们反而要从中看清楚自己的不足，以便展望自己的未来。

👍 别轻易说出辞职

当我们有负面情绪的时候，不要轻易地把辞职挂在嘴边。我们要先冷静下来，好好地思考一番，确定一下自己是不是真的想辞职。可以给自己设定通常不超过1周的"逃避"时间，等我们把情绪调整好，再客观分析自己是否要辞职。

👍 提前做好辞职的准备

在我们选择辞职之前，要先做好跳槽的准备，至少提前2个月。我们要考虑今后想走的路，给自己提前做个可行的职业规划。我们还可以"骑驴找马"，用空余的时间提升自己的专业技能，为下一份更好的工作做准备。记住，有合适的工作才能辞职。

👍 收敛脾气,别想太多

有时领导或者同事并不是故意让我们受委屈,我们不要想太多,最好能直接跟对方沟通,看看其中是否有什么误会。平时我们还可以跟别人进行交流,增进对彼此的了解,减少受委屈的可能性。

② 工作中被冷落，怎么应对

在职场上，有一部分员工正在坐"冷板凳"：有些老员工得不到提拔，有些新员工得不到重视。这些人无法参加重要会议，在核心团队没有位置，很多重要的工作都轮不到他们来做。

这些人其实就是在工作中被冷落了，这在刚入职的新人身上更明显。而这种现象在心理学上被称为"蘑菇效应"，指一个新入职者在集体中面临被怀疑、被冷落等遭遇，之后会因表现的差异，而得到认可或被忽视。就像长在阴暗角落的蘑菇一样，没有阳光和肥料，面临着自生自灭的困境，只有长到足够高的时候，才能被人关注。

但这样的"蘑菇经历"其实是一件好事，会让我们得到一定的磨炼，以更加理性的头脑思考问题，培养工作所需的耐力和意志力。

有位著名女主持人在得到重用之前，也曾坐过一段时间的"冷板凳"。她是传媒大学的优秀毕业生，被分配到了当地电视台的新闻频道。在她以为自己终于能一展才华的时候，新闻频道的主持人名额却满了，台里就安排她先去行政办公室装订人事档案。

她就这样装订了3个月的人事档案，焦虑一点一点侵蚀了她的耐心。她只能向妈妈诉苦，妈妈对她说："谁说年轻人刚进单位就一定会被安排到对口岗位上的？想挑大梁的想法没错，但还是要看机会。"

妈妈的话点醒了她。改变不了环境，就改变自己。她调整好自己的心态，认真工作，把装订档案的工作也完成得非常好，而且一有机会就去观摩前辈们是怎么主持的。后来，电视台要做一档新节目，想要启用"新面孔"，这个机会就落到了她这个乐观认真的小姑娘头上。

当我们被冷落时，不要总是沉浸在自己没有"被看见"的情绪里。虽然被人孤立、被人打压确实会令人难受和委屈，但我们始终要牢记一条准则：公司是一个利益共同体，不是讲和平与爱的地方。我们进入职场是为了提升自己、学习技能，只有亲人和朋友才会关心我们的低落情绪，而公司里的领导和同事一般只关心我们能不能把工作做好。

所以，我们要做的第一件事，就是摆正自己的心态，保持冷静。冲动的人往往难以克制自己的情绪，急于质问别人"为什么要冷落我""为什么不给我安排有用的工作""你是不是看不起我"，可这样只会破坏自己的形象。我们最好能冷静地思考，审时度势地分析自己的现状，以不变应万变。

对于是否被冷落和排挤，我们也要做进一步的确认：是不是自己太敏感？是不是自己想太多了？

特别是在初入职场的时候，我们处在陌生的环境中，要接触很多新同事，要做很多自己不熟悉的事情。我们总觉得自己的安全感不够，有一点风吹草动，就会把这种情绪无限放大。也许我们感受到的冷漠，只是因为大家还不是太熟，所以会保持一定的安全距离。又或者是，大家真的在工作上很忙，没有多余的时间来嘘寒问暖。这时我们也不需要太过于"自来熟"，可以从工作交流开始，慢慢跟同事、领导沟通交流。

就算有些人故意冷落我们，我们也不要太在意，因为没有人会被所有人喜欢。所以，我们没必要自乱阵脚，刻意装作合群去自讨没趣。被人冷落并不意味着"被人否定"，我们可以花时间去跟志同道合的人交流，把精力用在工作上，让自己变得更优秀。

职场是充满竞争的，我们不能等待被看见，机会一定是靠自己创造出来的。我们可以仔细想想自己在工作中有哪些地方是做得好的，而哪些地方又是做得不够好的，也许就是那些不够好的地方造成了我们被冷落。我们可以沉下心来，把自己的短板补足，再将好的地方不断放大。此外，我们还可以试着在同事和领导面前表现自己。这既是对自己的积极暗示，也能加深别人对自己优点的认同。

3

摆脱职场"受害者心态"

有的人上了班之后总是怨天尤人，把无法跟同事好好相处归结为对方的针锋相对，把在职场上得不到提拔归结为制度不公和领导无视，把事业上的不成功归结为市场的不景气。他们总觉得自己本应该在工作中顺风顺水，都是因为别人的亏欠和客观的原因，才导致自己屡屡受挫。

这其实就是职场上典型的"受害者心态"，抱有这种心态的人，总是时刻把自己放在"受害者"的位置上，将不幸和失败都归咎于别人，将幸福和快乐也寄托在别人身上。

朱进在3年内辞职了5次，他总觉得自己得不到发展是公司的原因。在第一家公司，他觉得同事都排挤他，他没办法开展工作；在第二家公司，他觉得老板没有魄力，不支持他的想法；在第三家公司，他觉得领导总是刻意刁难他，还总需要应酬……他就这样接连辞职了5次，最后不仅没得到好的机遇，收入还直线下降。

稻盛和夫曾说过："即使你抱怨再多、委屈再大，当下最要紧的一件事就是先把工作做好，这才是一个成熟的人该有的心态。"如果我们凡事一味怨天尤人，沉溺于受害者的角色，只能禁锢我们的成长，让我们一事无成。

"受害者心态"的诞生实际上就是因为我们渴望别人的关心，并且不想为自己的失败承担风险。它就像一个保护壳，把自己的错误隔绝在外面。短时间的逃避看起来能减轻我们的心理负担，但时间一长，我们就会养成推卸责任的糟糕习惯。

问题是弱者抱怨的托词，却是强者展现的秀场。归根结底，我们总把自己摆在"受害者"的位置，还是因为自己不够强大。只有把主动权抓在手里，摆脱负面心态的束缚，我们才能不断精进，让工作迎来新的突破。

林柯在大学毕业之后，想成为一个银行经理人。但是他找不到合适的实习岗位，只能去一家小公司做财务助理。平时工作上事情多，领导要求又高，所以他每天都忙得焦头烂额。

某次他向同事诉苦，说自己工作太辛苦了，领导还难伺候。同事听完反倒提醒林柯，说他其实还是不够努力，只会抱怨。林柯突然被点醒了，开始任劳任怨，还在空余时间学习金融方面的知识，提高自己的业务能力。

最终，林柯从只会抱怨的菜鸟，变成了精通金融的操盘手，还凭借出色的履历如愿进入当地的银行工作。

我们都是独立的个体，没有人可以为另一个人的人生负责。不论我们吃了多少苦、受了多少不公平的待遇，都没有人能为此负责，何况那些"苦难"也许只是我们臆想出来的，也许很多事情本来就需要我们亲身体验。

工作的本质是需要我们去适应它。我们改变不了任何人，也改变不了社会和环境，唯一能改变的，就是自己的心态，以及看待问题的角度和解决问题的方法。只要努力地为自己的情绪和工作负责，我们自然就能摆脱"受害者"的心态。

比尔·盖茨说："要学会接受不可避免的现实，学着去应付缺陷带来的问题，并且不为此而抱怨。"抱怨只会让我们困在情绪的牢笼里，我们不如把时间和精力花在更有用的地方，以"主动者"而不是"受害者"的身份应对挑战，采取行动提升自己。别让"受害者心态"禁锢我们的思想，要主动发挥自己在工作中的行动力，永远为自己的行为负责。

👍 主动承担工作责任

无论在工作中遇到什么样的困难和挑战，我们首先要审视自己的角色和责任，并积极寻找解决办法。不要把所有的责任都推到别人身上，而要把注意力集中在自己可以控制的事情上，主动承担起属于自己的责任。

👍 换个角度看工作中遇到的问题

在工作中遇到困难，与其去抱怨，不如把它们当作磨砺和学习的机会。很多事情都是我们必须要经历的，它们可以锻炼我们的工作技能，提升我们的应对能力。换个角度看问题，我们就可以不再把自己定位成"受害者"，而可以定位成"挑战者"。

👍 多看看工作中取得的进展

积极向上的心态是摆脱"受害者心态"的基础，我们可以把目光聚焦于工作中取得进展的部分，多寻找事物当中的积极因素和价值。用积极的心态看待各种问题，便能从中获得更多能量。

4

拥有被讨厌的勇气

在职场上，面对别人的请求，我们可能会因为怕惹对方不高兴，让对方没面子，担心影响彼此之间的关系而不敢拒绝。说到底，我们缺少的是被讨厌的勇气。

我们之所以去选择讨好他人，就是因为内心缺乏自信，害怕失去。渴望他人的赞美与认可是人的天性，但由于脆弱的心理，如果没有得到足够的正面反馈，我们就会努力调整自己的言行以取悦他人。殊不知，这样做会让我们在讨好中迷失真实的自己。

心理学研究表明，具有取悦型人格的人，在人际交往的过程中往往并没有想象中那样受欢迎。因为在别人眼中，他们没有自己的原则与底线。

无数的事实证明，忍气吞声换不来尊重，也换不来真正的人际关系。挺身而出，捍卫自己的正当权益，应该是一件再自然不过的事情。跨过这道门槛，你会发现，没有什么大不了的。卸掉了精神包袱，活出真的自己，别人反而不敢轻视你。

刘湘进入职场后，一直秉持着"自己的事自己干，别人的事也不掺和"的原则。为了能合理地拒绝别人不合理的要求，她要么装作忙得团团转的样子，让对方不好开口；要么直接装傻，在对方面前扮演"傻大姐"。那些想把自己的事推给她的人见刘湘一问三不知，对方不由得犹豫了："这事交给这么不靠谱的人去做，岂不是会搞砸？还不如自己做。"

有时候，为了不得罪人，刘湘会搬出上级作"挡箭牌"，让上级帮自己去交涉。

有一次，一位颇得经理喜欢的同事请求刘湘帮忙整理客户资料，说大老板开会时要用。见对方摆出一副"楚楚可怜"的样子，刘湘给经理发送了一则短信，说现在手上正在忙着做大老板交给她的任务，实在没空帮对方整理资料，问经理应该怎么办。经理回复说，让刘湘做好自己的事，由他来对那位同事做出安排。就这样，她成功避免了同事越界的要求。

古希腊哲学家毕达哥拉斯说过："说最短、最老的字——'好'或'不'，都需要最慎重的考虑。"聪明的人总懂得在适当的时候说"好"或"不"，而愚蠢的人则总是在说完"好"或"不"之后就后悔。很多时候我们总是把"好"说得太早，而把"不"说得太晚。

对他人认同的极度追求，会将你变成他们喜欢的样子。但真正的成长是爱与尊重，是成为真正的自己。你不需要任何人来界定你的好坏，也不需要任何人来评价你的应该和不应该。像莎士比亚说的"忠实于自己，追随于自己，昼夜不舍"才是最好的选择。

当然，对于自己份外的事，拒绝也要讲究方法。用生硬的口吻直白地拒绝对方,绝对不是最佳的选择。那么,怎么拒绝才能既不得罪同事,又能把这项工作顺利推出去呢?

👍 在拒绝之前倾听

当同事向我们提出请求时,他们心中通常也会有不同程度的不好意思,担心被拒绝,担心给我们带来麻烦,所以会特别注意我们的表情。我们的倾听能让对方有被尊重、被接纳的感觉。这样,我们在婉转地表明自己拒绝的立场时,也能避免伤害对方,因为对方已经在我们倾听时感受到了真诚。

我们在认真倾听对方的情况之后,对于对方的困难也就有了比较深入的了解。倾听并不单单是为了拒绝,了解了对方的境遇之后,我们就可以针对他的情况,提出比较好的建议。这样,即使没有亲自去帮助对方,对方也一样心存感激。

👍 委婉并坚定地拒绝

如果我们无法帮助对方,那就要坚定地拒绝,不让对方心存念想。但是我们拒绝的语气要诚恳,要尽量委婉温和地表达而不要直接说"不"。这就好比同样是药丸,外面裹上糖衣的药,就比较容易让人入口。

👍 陈述拒绝的理由和苦衷

在你拒绝了对方之后,对方肯定想知道你的理由,你就应该坦诚相告。如果一句话都不说势必会引起误会，对方也许会怀疑你根本就不想帮助他，而不是你没有能力。

例如，当对方的要求不合公司规定时，你要委婉地向他解释自己的工作权限，表示没有权力去做这件事。在自己的工作安排已经很满的情况下，你要让对方清楚自己目前的状况，并暗示对方如果帮他这个忙，会耽误自己正在进行的工作。一般来说，同事听你这么说，一定能够理解并接受，再想其他办法，而不会对你产生不好的印象。

有的时候，我们也可以尝试着从对方的利益出发来说明自己爱莫能助的理由。为对方的利益考虑，往往更容易说服对方。比如，同事与你合作开发一个项目，他要求你在一个不合理的期限内完成自己的工作。这时，与其向对方说明你如何不可能办到，不如让他相信这种仓促行事的做法对项目而言没有好处。这样的话，同事不仅不会怀疑你的意图，还会对你心生感激。

👍 事后表示关心

拒绝毕竟是一件伤害别人的事情，别人难免会对你到底是无力相助还是不愿意帮助产生怀疑，所以我们可以在拒绝之后的一段时间内，适当地关心一下这件事。比如说，你可以问一问："哎，你上次那事解决得怎么样了？"这样做虽然对对方没有什么实质性的帮助，但是能够起到安慰的作用。同时也让对方知道，其实你一直都在关心这件事。

积极思维,开心每一天的密码

PART 3

1

不为往事悔恨，不为未来担忧

我们的很多负面情绪都源于自己的庸人自扰。我们为过去懊恼："要是我当初选择考研就好了。""我当初就不该跟他在一起。"我们为没有到来的未来担忧："不知道还能不能升职。""找不到适合自己的另一半怎么办？"从过去到未来的焦虑把我们的眼睛蒙住了，让我们无法处理眼前的事。

我们觉得"时间不够用"不是因为事情太多，而是因为思虑太多：总想着过去做不到的事情，总担忧未来要完成的事情。

埃克哈特·托利在《当下的力量》一书中写道："没有任何事情可以发生在过去，所有的事情只发生在当下。也没有任何事情会发生在未来，所有的事情只发生在当下。"活在当下，每次呼吸是新的，每分每秒是新的，每天的工作是新的。相比于过去和未来，当下才是我们在时间里唯一能到达的地方。如果我们活在当下，也就拥有了时间。

庙里的落叶一直都由一个小和尚来清扫,这对于他来说是一件苦差。特别是在换季的时候,小和尚每天早上都需要花费很多时间来打扫,所以他想找个方法让自己轻松一点。某天,有个和尚对他说:"你打扫之前先把树叶摇下来,下次就不用扫了。"小和尚觉得有道理,就起得很早,使劲摇树。他想着今天打扫完,明天应该就不用扫了。

可第二天,小和尚看见院子里仍然有满地的落叶,他一下就愣住了。老和尚走过来对他说:"无论你今天怎么用力,明天依旧会有落叶。很多事是无法提前的,只能活在当下。"小和尚这才明白这个道理。

活在当下不是放纵,也不是丧失了长远的眼光,而是立足于现在,做当下最好的自己。说白了,其实就是干好眼前的活儿,不好高骛远,也不等待和拖延。同时,我们还要试着享受生活,看一部令人开心的电影,读一本引人深思的书籍,在下班路上买一份美味甜品,等等。

曾经有三个人,都梦想自己能成为世界闻名的小提琴演奏家。第一个人在练习时,总沉溺在自己过去的错误中,责备自己过去为什么不再努力一些,责备自己为什么练习了那么久的曲子还是会拉错。第二个人在练习时,总担心自己以后会在舞台上犯错,每天都在演习自己犯错时该如何应变。第三个人在练习时,只把注意力集中在当前要练的曲子上,每个音符、每个小节都认真对待。

最后参加考试时,前两人因为根本没把心思放在练习上,理所当然地被淘汰了,只有第三个人通过了考试。他经过努力，日后成为了小有名气的小提琴演奏家。

我们唯一能确定的，就是不确定的人生；世界上唯一不会变的，就是每天都会有变化。活在当下能让我们更加自由地做出选择，摆脱那些束缚我们的东西，让自己接受一切新的事物。这样，我们才能真正地享受生活，并且活出自己的精彩人生。

时间的力量很强大，我们能做的就是放下过去的悔恨，迎接未来的机遇，过好当下的每一天。

👍 把后悔的事情写下来

总是在精神内耗中挣扎，不如直面自己的悔恨。用一张大纸把悔恨的事情写下来，把事情的经过、自己的做法以及为什么感到悔恨全部写下来。然后，我们可以以此为鉴，思考一下如果下次再遇到类似的事情该怎么做。我们要把"后悔"变成"教训"，以缓解自己不安的情绪。

👍 把"担心做不到"变成"试试又怎样"

给自己一次尝试的机会，证明自己担忧的事情是错误的。比如，我们害怕自己胜任不了新岗位，不如就放手去试试。或许过程很痛苦，但尝试过后，我们的心里就不会再有未知的恐惧和担忧了。

👍 记录让自己感到幸福的小事

把平时让自己感到开心、幸福的小事记在一个本子上,当我们感到难过和焦虑的时候,拿出来翻一翻。这样我们就会发现,尽管我们过去做了一些令人懊悔的事,但仍旧能在平凡的日子里找到幸福。

② 不要抓住自己的错误不放

"人非圣贤，孰能无过。"犯错其实是很正常的事情，是我们成长的必经之路，没有人能够做到完美无缺，永远都不犯错。如果不懂得在犯错之后原谅自己，我们就很容易陷入内疚和自责的情绪当中。

我们可能总是对自己太苛刻，对自己犯的错误耿耿于怀。这个时候，放下错误，选择原谅自己，就显得尤为重要。

毕方有一次在处理公司年度评优的工作，他加班到很晚，反复检查好几遍才把资料交上去。最后公布候选人时，他的同事拿着错误的资料过来找他，原来他把照片给贴错了。毕方的心情一下子就坠到了谷底，在弥补错误时疯狂地内疚和自责，总想着："如果我能再仔细一点就好了。"

美国社会心理学家费斯汀格说："生活由两部分组成，10%是发生在你身上的事情，而另外的90%则是由你对所发生事情如何反应所决定。"不要懊恼，也不要悔恨，既然错误已经发生了，该解决问题解决问题，该承担责任承担责任。

我们要做的是面对错误，而不是消耗情绪。只有当问题真正解决的时候，我们才能彻底放下包袱。在面对自己错误的同时，我们也在获得相应的经验教训，这也是人生宝贵的财富。

在电视剧《甄嬛传》中，甄嬛失去第一个孩子之后，与皇上产生了嫌隙，自己也因此遭受到了冷落。面对这样的打击，她一度陷入了悔恨和自责，觉得都是自己的错才造成这样的局面。

但是她并没有在这种负面情绪中停留太久。她觉得错误已经造成，现在唯一能做的就是接受现实，然后努力改变现状。为此，她开始反思自己的行为，认真总结经验教训，并在后来设计了倚梅园的"蝴蝶复宠"，重新获得了地位。

原谅自己并不是一件容易的事情，我们首先需要有勇气来面对自己的错误。当我们直视自己的错误时，并不意味着我们失去了自信和尊严，反而更能突显我们的坚强，也表示我们愿意承认自己不完美的一面。

在现代心理学中，原谅自己被认为是改变负面情绪和行为的重要途径。而且，自我原谅也不是要我们忽视或者逃避错误，而是要在承认错误的基础上再给自己一个机会重新开始，在自我原谅的过程中看到自己能力的极限。这样我们才能在直面错误、解决错误、放下错误的过程中，获得成长和进步。可见，让错误翻篇儿也是一种很重要的能力。

原谅自己，也是在跟自己和解。这需要我们深入了解自己内心的想法，思考我们为什么要跟自己较劲。就像作家刘同说的那样："人生，有时候就是要和自己和解。"既然当初做出了选择，因为这个选择而产生的一切后果都需要我们自己去承担。明白了这一点，就会发现承认错误其实也没有那么难，只是遵循单纯的因果关系罢了。接纳自己的缺点，接纳自己的错误，跟自己和解，然后坦然地去享受生活。

总有一天，我们回过头再看自己当初犯的"天大"的错误，就会发现那只是云淡风轻的过往，并没有对我们的人生产生什么重要的影响。

👍 找出错误的原因

每个错误都有其背后的原因，只有找到原因，我们才能尽可能避免再次犯同样的错误。我们可以仔细分析犯错的过程，审视自己的行为，找到犯错的真正原因，从中吸取教训，做到真正的释然。

👍 对自己说声"没关系"

我们总是对别人很宽容，对自己太严格。但犯错是不可避免的，我们可以试着对自己宽容一点。可以想象一下，假如好朋友也犯了同样的错误，我们可能会下意识地说"没关系"。这次我们也可以对自己说"没关系"。

👍 转移注意力

当我们因犯错而愧疚时，可以把注意力转移开来。比如，我们对自己犯的错感到很沮丧，但事情已经过去了。此时，我们可以做点别的事情转移注意力，可以跑跑步、听听歌，甚至还可以跟朋友小酌两杯。

PART 3 积极思维，开心每一天的密码

怀旧情绪适可而止

有时候我们翻到几个旧物件，就会想到当年跟这些东西相关的人和事；听到十几年前的流行歌曲，就会想起自己青春洋溢的学生时代；闻到熟悉的气味，就会想到小时候曾经吃到的好吃的东西。

怀旧的情绪带我们到记忆里走了一圈，让我们重温了当年发生过的事情。这种熟悉的感觉，让我们感到温馨又安全。

有一位中年父亲，他受教育程度不高，总觉得自己在家里没什么地位。他在向子女讲述自己年轻时的故事时，总会得到不耐烦的回应。后来有一天，这位父亲结识了一位新朋友。他与这位朋友聊起自己年少时的故事，整个人精神焕发，眼睛里都闪烁着光芒。但他谈起现实中面对的问题时，总是流露出疲惫的神色。这位父亲似乎一直生活在过去的岁月中，不愿意面对现在的生活。

"怀旧"的"怀"字意味着怀念，我们怀念的必定是让自己感到幸福和快乐的生活经历。我们怀念过去，不仅仅是在怀念某段记忆，还是在怀念自己当初的某些状态。怀念的是当初年少的自己，那个有理想、有抱负、有无限可能的自己。在怀旧的状态下，我们把自己跟过去美好的记忆重叠在了一起。但这种状态站在现实的对立面，当我们在现实中缺少这种体验，并且认为未来也不会变得更好的时候，往往就会沉迷于安全又美好的过去。

怀旧确实能让我们感到欣慰，而且能对我们调节负面情绪起到积极作用。有心理学家表示，回忆往事能够给人们带来心理安慰，帮助我们找回自我，让我们更平稳地度过人生的转折期。还有一项研究表明，怀旧能够让大脑冷静下来，降低焦虑水平，转变我们的人生态度，还能让我们的心态变得更加积极。我们记忆中的内容无论是成功的，还是失败的，都能对现实中的目标起到推动的作用：如果是成功的，就能直接给予我们鼓舞和动力；如果是失败的，也能成为我们以后做事的经验。

虽然怀旧很好，但还需要适可而止。人的记忆是可以被美化的，我们怀念的过去可能与真实情况有所不同。人的记忆不会像摄影机一样，能把发生过的事情原封不动地记录下来，记忆是一个持续重建和加工的动态过程。我们回忆的只是当时温馨的情感，可能会下意识地忽略不好的细节。我们更容易记住积极的事件，而忘记消极的事件。

我们可以怀旧，但不能恋旧。如果过度怀旧，总沉浸于被美化的旧时记忆，只会让我们不思进取。此时，这些记忆便会成为阻碍我们发展的绊脚石。

陈桑久违地收拾起了房间，她打算把一些很旧又没有用的东西丢掉。她无意中翻出了自己刚参加工作时收到的别人送的书夹，已经生锈了；翻出了写了一些随笔的本子，好像再也没打开过；还翻出了一些小时候参加考试的准考证，已经变得皱皱巴巴了。另外，还有很多有点回忆，但又没什么用的东西，她都打算丢掉。她说："该记住的事情不会因为某样东西不见而不见，什么时候忘记了，大概就是到了它们该被遗忘的时候，我们总不能一直活在回忆里。"

人生是一场有去无回的旅途，我们只能一直向前走。偶尔回头看看，从旧时光里汲取一些前进的力量，已经足够了。我们可以珍惜记忆中的那些美好和安宁，但回过头来要更勇敢地面对现在、迎接未来，这也许才是怀旧真正的意义。

👍 避免过度与过去的自己对比

拒绝"还是原来更好啊……"这类的想法。也许回忆中的过去很好，但不能过度把现在的自己跟过去对比。我们可以更客观地看待自己的变化，把过去看作变优秀的基础，为未来设定目标。

👍 暗示自己会比过去更好

经常在心里对自己说："我会比以前做得更好。""我会突破过去的自己。""我会变得更加优秀。"不停地暗示自己会比原来过得更好，时间长了，你就会忘记怀旧，专注于眼前的事情。

👍 做好"断舍离"

任何空间包括大脑都是有容量的，只有割舍掉那些不必要的东西，我们才能从环境和心理上有更多的地方容纳新事物。所以，请把那些带有不重要记忆的东西丢掉，比如早恋时同桌给的橡皮、小时候坏掉的玩具等等。

PART 3
积极思维，开心每一天的密码

多角度思考，不必一条路走到黑

我们面临困难常常不知道该怎么破局，以至于一条路走到黑，让自己钻了牛角尖。可从来没有解决不了的问题，也没有赶不走的坏情绪，我们之所以走不动，只是因为陷入了惯性思维。只要换一种思维方式，换个角度看问题，我们可能就会豁然开朗。

有位进京赶考的秀才，在一家客栈住了下来。在快要考试的前两天晚上，秀才做了一个离奇的梦。他梦见自己在墙上种菜，还梦见自己戴着斗笠在雨中打伞。第二天醒来他觉得大事不妙，因为在墙上种菜不是白费力气吗？在雨中打伞又戴斗笠不是多此一举吗？这是不是预示着他这次赶考注定是失败的？于是，秀才便收拾东西准备打道回府。

客栈老板觉得奇怪：马上就要考试了，怎么还往回跑呢？秀才跟老板说了自己的梦，老板大笑道："这是好兆头啊！墙上种菜不是高种（中）吗？你肯定能高中！雨中打伞又戴斗笠，肯定是稳上加稳，一定能考上！"秀才一听，又觉得信心满满了，就留了下来，后来果然榜上有名。

俄国作家契诃夫说过："如果你手上扎了一根刺，那你应当高兴才对，幸亏不是扎在眼睛里。"影响一个人情绪的，从来不是事物本身，而是这个人看问题的角度。我们每遇到一件事，总是会用自己最方便和最习惯的视角去观察，这也就导致我们观察的角度仅仅是无数角度当中的一个。

想要获得多角度看问题的能力，打破惯性思维至关重要。通常我们会因为每个人生活环境、学习经历、社会经验等的不同，看待同一件事的角度也不同。在这种情况下，我们可以尝试站在别人的角度看问题。也许在你看来是一件很难解决的坏事，而在别人眼中却变成了好事。

有位年轻人乘坐火车去经商，旅途很长，乘客们都在百无聊赖地看着窗外荒无人烟的山地。火车拐弯减速，一座简陋的房子进入了人们的视野。乘客们好像找到了有趣的事情，开始议论起这座房子。

年轻人后来特意找到了那座房子的主人，没想到对方对这座房子该怎么处理很苦恼。对方说房子造价不便宜，不能低价卖，但离轨道近，因而很吵，不降价根本卖不出去，所以就一直荒废在这里。

年轻人却觉得这房子的位置好极了，靠近轨道的那面墙正好可以打广告，就拿自己所有的积蓄买下了这座房子。后来，他跟许多大公司联系，有一家著名的饮料公司决定跟他合作，年轻人因此在两年间赚得盆满钵满。

转变思维方式、变换思考角度最珍贵的价值在于，能让我们对身边事物的认知不断深化。通过这种转换，我们不仅能在多种问题的解决方法中找到最佳的途径，还能把复杂的问题简单化，提升处理事情的能力和效率。

我们要相信，总会有更好的角度来观察问题。就像奥古斯特·罗丹说的："生活中从不缺少美，而是缺少发现美的眼睛。"无论当前处在什么样的困难当中，处于什么样的情绪旋涡当中，只要我们愿意，总能找到更好的角度。当我们不再被原始的视角束缚，主动开始尝试转换，我们可能会看到一个全新的天地。

👍 听听别人的意见

大脑需要处理的信息纷繁复杂，总会有它想不到的事情。遇到问题百思不得其解的时候，不要自己闷头苦想，可以主动向别人寻求帮助，多听听别人的意见，用多视角来突破自己单一视角的局限性。

👍 跟自己对话

试着用几个词或者一句话说出自己的感受或想法，在总结的过程中，明确自己到底在担心什么；或者在头脑中与自己来一场辩论，根据实际情况给自己提出问题，从而获得更深入的反思。

👍 用客观的角度看待问题

情绪不好的时候,不要把自己的主观臆想当成事实。在看待问题的时候,尽量把自己从当事人的身份中脱离出来,不带主观色彩,而是从客观的角度重新了解事情的经过,然后以开放的心态寻找解决办法。

以乐观的心态给恶性循环刹车

如果桌上摆着半杯水,悲观的人看见的是"半空",而乐观的人看见的则是"半满"。消极的思维模式,往往会不自觉地让人放大负面想法。我们越被这些想法裹挟,就越会因为内耗严重而频频出错,从而进入恶性循环。

但当我们拥有了乐观的心态,就拥有了对付这种恶性循环的"撒手锏"。无论事情怎么变化,只要我们能乐观地分析现状,就不会掉进负面情绪的陷阱。

有一位艺术家邀请自己的朋友来家里做客,欣赏客厅中央挂着的一幅画。这幅画就是一张被装裱起来的白纸,只是白纸的中间有一块很明显的黑色污渍。朋友们都看不出来这幅画有什么含义,想请艺术家讲解一下。艺术家说:"这幅画的名字叫快乐,而中间的污渍则是痛苦。大多数人看到这幅画的时候，只能看到一小块代表痛苦的黑色，却看不见背景里一大片代表快乐的白色。"

乐观者和悲观者看到的风景是截然不同的，最终被塑造出来的人生也不一样。乐观的人总能用积极的目光看到事情好的一面，遇到困境的时候也总能想到事情的转机。尽管客观事实看起来很糟糕，但乐观的人总相信可以通过自己的努力，让情况变得越来越好。

有了乐观的心态，我们在遇事的时候就不会急躁，也不会胆怯，反而会更加镇定从容；在逆境当中也更有勇气去面对，不怕被击倒，也不怕被打败。我们秉持着"兵来将挡，水来土掩"的乐观态度，总能把困难克服掉。

在《我们仨》这本书中，杨绛先生有一句口头禅，就是"不要紧"。当时杨绛刚生产完，住在产院里，钱锺书一个人每天家里和产院两头跑。钱锺书在家打翻了墨水瓶，把房东家的桌布染了，杨绛说："不要紧。"钱锺书不小心把台灯摔坏了，杨绛说："不要紧。"钱锺书颧骨上长了一个疖，杨绛说："不要紧。"只要杨绛说"不要紧"，钱锺书就会放心。后来钱锺书把杨绛和女儿接回家，还稳妥地在家里炖好了鸡汤，不像之前那么毛手毛脚了。

乐观的心态是自己良性循环的起点，也是周围人积极情绪的"感染源"，杨绛先生乐观平和的心态就感染到了钱锺书。看似简单的"不要紧"三个字，却透露出了杨绛先生对人生的态度。不论生活中有多郁闷的事情，只要有她的一句"不要紧"，最后总能平稳地解决。

我们总觉得乐观的人好像天生就有好运气，这种好运气实则都来自于他们自身。有研究表明，跟不快乐的人相比，大多数人都更愿意跟快乐的人交往，因为人们都不想被负能量传染。这样，乐观的人就能接触到更多的社会资源，也更容易得到人际关系的支持，好运气就是这么来的。

就像瞿秋白写过的："如果人是乐观的，一切都有抵抗，一切都能抵抗，一切都会增强抵抗力。"只要我们追求当下的满足感，对未来抱有积极的预期，就不用过于担忧来自未来的威胁，这也是我们经常听说的"知足常乐"。我们总能通过乐观的态度，掌握住属于自己的人生。

👍 行动起来

悲观的人总是想得太多，做得太少，越想就会越焦虑。所以赶快行动起来，才是保持乐观的第一步。无论面对什么样的困境，都要试着迈开第一步。多做一点就能多获得一些踏实感，说不定困难就在行动的过程中解决了。

👍 凡事朝好的方向想

我们变得焦躁不安，往往是因为碰到了自己没有办法控制的局面。但焦虑并不能帮助我们解决问题，所以我们应该接受现实，把事情朝好的方向想，再想办法创造条件，让事情向有利的方向发展。

👍 可以适当屈服

我们遭遇打击的时候,很容易变得浮躁和悲观,甚至会钻牛角尖。此时我们可以小退一步,不必过分固执,适当地屈服,稍微放弃一些成为负担的东西,然后重新规划新的方向,获取新的希望。

6

那些不能看开的不如遗忘

生活不会一帆风顺，我们总会遇到一些看不开的事情。有的人会说："我觉得我比别人强，可那些我觉得不如我的人，都过得比我好。我的心里不平衡。"还有的人说："我每天都任劳任怨，说得少，干得多，但待遇总是上不去。我不服气。"

人生确实是这样的，会有很多事情让我们不解。很多事情看不开、忘不了、放不下，心里装的全都是烦恼。我们心不静的时候，心理负担会越来越沉重，也就会越活越累。

杨绛曾经说过："简朴的生活、高贵的灵魂，是人生的至高境界。"一直以来我们不能看开，其实是因为把某件事看得过于重要。很多事情不要太纠结，该忘记就忘记，该放下就放下，把一切都看开了，自然就会获得轻松质朴的生活。

有人说，忘记就意味着背叛，所以他们就强迫自己把过去所有的悲欢离合都记住，总觉得这样就是对自己经历过的人生负责。但忘记并不是背叛,而是斟酌之后选择的放手。我们学会了遗忘,也就学会了释然,学会了原谅。没有不能放下的恩仇,也没有不可忘记的烦恼。所有的恩怨在被慢慢放下和遗忘的时候,我们被负面情绪包裹的内心也会在这个过程中变得坦然许多。

在古希腊神话中,有位英雄叫海格力斯。某天,他走在崎岖不平的山路上,走着走着,发现自己脚边有个像袋子一样的东西很碍事,就用力朝那个袋子踩了下去。没想到那个袋子不仅没被踩破,还膨胀了起来,变得越来越大。海格力斯恼羞成怒,就拿起路边的木棍去砸它,结果这个袋子居然大到把路口都堵死了。

这时,山中走出来一位圣人,对海格力斯说:"你快别动它了,忘了它吧,离得越远越好。这个东西叫仇恨袋,如果你不侵犯它,它就会变得像当初一样小。如果你总侵犯它,它就会越变越大,不让你走过去,跟你对抗到底。"

我们无法忘记的、看不开的东西,就像是"仇恨袋"一样,只要我们不去主动招惹,它们总会在我们的人生路上慢慢消失不见。

正如丰子恺所言:"看淡世事沧桑,内心安然无恙。"懂得遗忘的人,不会被是非琐事连累,不会被名利怨恨缠身,只会向往平静的生活。其实,我们不必想那么多,该放下的就放下,现在还放不下的,就慢慢去尝试放下。虽然很难,但我们始终要学着去遗忘。

👍 重新接受放不下的事

忘不掉就是放不下,所以我们要接受现实,重新回看放不下的事。当我们认清已经没办法回头的事实,做到真正面对它,让它从"重要"变成"不重要",这件事就会随着时间慢慢被忘记。

👍 让自己忙起来

把注意力放在眼前的事情上,可以忙一忙自己的工作,提升工作能力,也可以学一些新的东西。我们忙起来的时候,就会找到新的方向,也就不会再花精力在那些放不下的事情上了。

7

学会归零思考,不做回忆的奴隶

　　我们在人生的旅途中行走,会得到许多成就,但我们可能会为了攥紧这些过去的荣誉而迷失方向,难以继续前进。就好像我们感觉首次成功很容易,而第二次却没办法了。这其中最大的原因就在于我们不能忘记首次成功的感觉。这时要学会"归零",站在一个新的起点,重新开始。

　　从零到一很难,更难的是从一回到零。"归零"的本质就是忘记昨天,忘记自己的成功。是否能归零,取决于我们在遇到事情的时候,是否能放下原有的想法,保持初心,从初学者的角度思考和学习。

　　有个寓言故事,说的是在某个村落有种很珍贵的猴子,它们智商很高,村里人想了很多办法都抓不到。后来,有人发现这种猴子有个奇特的习惯,即它们只要拿到了自己喜欢的东西,就舍不得放手。于是村里人一起想了个办法,在猴子经常出现的地方放一个罐子，罐口的大小刚好能让猴子把爪子伸进去，然后在罐子里面放上猴子爱吃的食物。

后来，猴子果然被吸引过来了。因为猴子拿着喜欢的食物舍不得撒开，爪子就没办法从罐子里拿出来。最后，村民们很顺利地就把猴子抓住了。

一味地沉浸在曾经的辉煌里，肯定会影响我们将来的发展。所以，当我们小有成绩时，可以及时告诫自己，这不是将来最好的成绩，也不是最后能获得的成绩，要向未来看。

著名作家刘震云说过："归零心态就是把自己心灵里的一切清空，把已经拥有的一切剥除，一切归于零的心态。"就像我们使用计算器，算完一个题目，就要按一下零，避免数字太多而导致结果出错。也像我们用纸做记录，写完了一张，就要拿一张崭新的纸继续写，这样才能井然有序。我们的人生也是一样，经过一段时间就要清零一次。只有轻装上阵，才有更多的精力去奋斗。

球王贝利在自己20多年足球生涯的上千场比赛中，踢进了1200多个球。他绝佳的球技让球迷们疯狂，甚至曾经在一场比赛中射进了8个球，让对手心服口服。之前，当他的进球纪录达到1000个的时候，有人采访他："你觉得哪个球是你踢得最好的？"贝利思考了一下，笑着说："应该是下一个。"

球王贝利之所以能踢进去一个又一个的球，离不开他的归零心态。即便在享受成功的时候，他仍然能保持清醒，坚定地朝自己设定的方向走。一个人拥有了归零心态，就好像让自己成为一个"空杯子"，不论这个杯子曾经装过什么、装得多满，重新出发的时候，一定会把杯子里的东西都倒掉，从头开始迎接新的挑战。

但归零并不是否定过去，而是要不忘初心，归于起点。归零可以让成功的经历变成财富，让失败的挫折变成可以吸取的教训。它不会让曾经的回忆变成我们的绊脚石，而是成为我们前进的动力。

主动"清零"，才不会被动"归零"。我们刚开始做一件事情的时候总是干劲十足，曾经的热血沸腾，随着经历得越多，顾虑也越多，就会失去刚开始的良好状态。想要长成一棵大树，我们就要主动把那些旁枝末节清除掉。只有不停地做减法，未来的目标才会更清晰，收获的东西才会成为我们成长的养分。

归零的本质是向前看，是一个不断接纳过去和学习向前的过程。无论我们的曾经是成功的还是失败的，只要我们的脚步是向前走的，就不会被过去的回忆所拖累。我们要做一个放得下成败得失的人，向往未来的星辰大海，不拘泥于过去，登上一个又一个新台阶。

👍 把跟成就相关的物品收起来

天天看着自己的荣誉很难重新开始，不妨把那些"奖状""奖杯"都收起来，用一个干净的桌面来办公学习，把内心像桌面一样清理一遍，再凭借自己的能力重新获得更多的荣誉。

👍 保持好奇心

保持开放的心态，不要故步自封。多问为什么，对事情都保持好奇心。在别人发表观点的时候，多思考一下对方为什么这么说，像初学者一样保持好奇心。

👍 相信自己能做到

总放不下过去,无法归零,就是不相信自己现在能做到。所以,我们要坚定信心,放下过去的束缚,相信自己现在也有潜力能做到,甚至能做得更好,以更加自由的心态面对现在和未来。

8

不回避有可能给我们带来愉悦感的活动

我们总是忙于工作，不停地奔波，唯独忘记让自己好好生活。我们总觉得生活很无聊，没有新意。但其实不是生活无趣，而是我们无趣。生活不只是用来追赶的，还可以是用来享受的。

周作人在《北京的茶食》中写道："于日用必需的东西以外，必须还有一点无用的游戏与享乐，生活才觉得有意思。我们看夕阳，看秋河，看花，听雨，闻香，喝不求解渴的酒，吃不求饱的点心，都是生活上必要的……"我们可以多看看周围的风景，闻闻春天的花香，听听朋友谈天说地。还能听歌、阅读、观影、运动，将自己追赶生活的脚步放慢下来，重新在生活中感受到愉悦。

> 李姐在小区里是出了名地会享受生活，每次从菜市场买完菜，她都会在街头的转角处买几朵鲜花，然后开心地提着蔬菜和鲜花回家。

PART 3
积极思维，开心每一天的密码

李姐买的花是送给她自己的。她是个单亲妈妈，跟自己的孩子相依为命。虽然生活有点辛苦，但她仍然会隔三岔五给自己买几朵鲜花。而且李姐很喜欢研究美食，每次做完饭菜都会摆好盘，然后拍几张照片发到朋友圈。她做的菜不仅营养搭配合理，色彩也很丰富，很像艺术品。

朋友会问李姐："你每次这么花心思，不嫌麻烦吗？"李姐则说："不麻烦呀，虽然每天的生活都差不多，但稍微用点心思，生活就变得多姿多彩了。"

活得有趣就是一种生存态度，这些趣味就在日复一日的生活里。一饭一菜、三两好友、四时风物，那些爱好，那些理想，都是生活中的绚烂色彩。平淡的时间是可贵的，不要颓靡虚度，多做些想做的事情，多寻些生活的乐趣，认真对待每件事。

心理学大师罗杰斯说："人生最重要的，是拥有制造快乐的能力。"如果我们没有在平凡中提炼美好的能力，即使再努力也得不到满意的生活。很多生活当中的快乐，都是靠我们自己亲手创造出来的。

有位普通的女子觉得生活很无聊，她喜欢读书，于是找了一个机会去请教了一位作家。

女子说："您的书写得很棒，您还有机会研究世界上所有有趣的东西。但我的生活很无聊，每天就是坐在台阶上削土豆。"

作家说："那您有没有想过您坐的台阶下有什么呢？"女子说："有砖头、泥土，可能还有一些蚂蚁吧。"作家笑了笑，又说："那您有没有想过这些蚂蚁是从哪里来的，它们是怎么互相交流的，又是怎么找到土豆的呢？"

女子觉得作家的话很有道理，于是回家后，花了大量的空余时间观察砖头下的蚂蚁。几年下来，她不仅学习了关于蚂蚁的知识，还把自己的观察写成论文并发表了。虽然她没有成为昆虫研究者，但她原本无聊的生活变得有趣多了。

享受生活不是挥霍生活，而是要丰富生活的内容，提升生活的情调。可能有人会觉得，只有自己有钱有时间了，才有资格去享受生活。但享受生活是一种态度，并不需要花费多大的成本。你可以去高档餐厅享用烛光晚餐，也可以在家泡壶热茶，品味一碟小点心。每个人都有自己在生活中找寻快乐的方式，不必羡慕别人，也不必看低自己。只要我们用心对待生活，再简单的小事也能让生活变得有趣。

👍 培养兴趣

在工作或者学习之余找回自己的兴趣，也可以培养一个新的兴趣。当你突然觉得做某件事情很快乐、很有意思的时候，就可以勇敢去尝试，把它培养成自己的兴趣。比如烤两个蛋糕，读一本书，画一幅画，等等。多尝试，你总能找到自己的兴趣。

👍 来点仪式感

用仪式感打开自己对生活的兴趣，试着在特定的日子准备一些小惊喜。比如，搞定了一件难事之后，给自己买个小礼物；在过节日的时候，穿一身应景的衣服；在自己又长大一岁的时候，给未来的自己写一封信。

一谈恋爱就情绪不稳定，怎么破

PART 4

① 你需要认清爱情

在真正得到爱情之前,我们总是对其充满幻想。我们幻想着一见钟情,幻想着浓情蜜意。但随着相处时间的变长,我们开始争吵,开始不能忍受对方逐渐暴露的缺点,开始为自己的付出感到不值——美好的爱情似乎不见了,只剩下一地鸡毛。

虽然真实的爱情与我们期望中的不一样,但这并不是一件坏事。我们可以学会怎么跟伴侣建立健康、稳定、快乐的关系。我们只有真正接受现实的爱情,并为之付出努力,才能感受到爱情带来的真正的幸福。

在《小王子》中,小王子百无聊赖地独自生活在自己的星球上。他在打理自己家园的时候,发现了一株与众不同的幼苗,于是满怀期待地浇灌和养育它。

小王子看着幼苗慢慢地成长,终于有一天,它开出了玫

PART 4
一谈恋爱就情绪不稳定,怎么破

瑰花。他觉得这株玫瑰花是世界上最特别、最好看,发自内心地赞美并爱护它。但后来玫瑰变得要求越来越多,越来越做作,小王子就厌倦了,他看透了玫瑰的虚荣和高傲。于是,小王子逃离了自己的星球,离开了玫瑰。

很多爱情就像小王子和玫瑰的故事一样,刚开始是真挚,之后产生矛盾,最后以遗憾结尾。当我们打破了对爱情的幻想,真正认清一段感情的时候,可能会发现它不如想象当中美好,但这并不意味着爱情本身失去了价值。正因为爱情会有酸甜苦辣,才会让我们更加难忘。

而且,在恋爱中产生矛盾是一件很正常的事情,因为真正的爱情一定会有磨合与包容。出现争吵是双方互相进一步了解的机会,如果两个人爱情的共同目标是能更好、更长久地在一起,他们自然愿意用积极的方式来解决矛盾。

爱情不只是一种单纯的感觉,更是一种担当和责任。双方最初相遇的新鲜与惊艳,只能决定开篇,却不能轻易写下爱情的结尾。在爱情中,我们需要不断地去付出和经营,这样才能得到更深刻的感受与满足。爱情是互补互换的,两个优秀的人可以互相成全。我们如果爱一个人,也会希望对方爱自己,这是人之常情。如果两人之间的关系失衡,爱情也就不会那么稳固了。

在电视剧《人世间》中,郑娟在自己最困难的时候,得到了周秉昆无私的帮助。于是,郑娟对周秉昆产生了强烈的感激之情,也想尽自己所能去报答他。后来,周秉昆母亲卧病在床,郑娟给周秉昆提供了很大的帮助,这也使得周秉昆对郑娟的感情越来越深。最终,两人因为互相扶持的情愫,走进了婚姻的殿堂。

剧中的两人从一开始的互帮互助到互相感激,再到后面的幸福结合,可谓水到渠成。如果双方没有因为生活困难而互相帮助,也就没有后面的互生情愫。可以说,这段爱情的果,都得益于前面的因。简单的价值互换,也可以促成美好的爱情。

无论爱情最终以什么样的形式呈现在我们面前,真正的爱情应该是在看清楚彼此的缺点、体验过感情中的鸡零狗碎之后,仍然相信彼此能在共同成长、互相尊重的前提下继续走下去。

👍 多了解对方

在正式发展感情之前,可以多了解对方,不要太相信"一见钟情"。看看对方的优点,也了解对方的缺点,确定自己在冷静下来后,是不是仍然想要继续在一起。

👍 珍惜眼前人

爱情不可预测,幻想中的爱情更不知道什么时候会来。多看看身边的人,把探索爱情的目光收回到眼前。很多细水长流的感情反而更加难得,也许真正的爱情就在身边。

👍 认真解决摩擦

双方要多包容,在遇到矛盾和摩擦时,不要回避也不要放大,多尝试一些解决方法。除了口头说"对不起""我错了",还要多用实际行动解决问题。可以谈心,也可以拥抱,现实中的许多感情就是在解决摩擦中升温的。

2

遇到"妈宝男"该怎么办

我们可能听说过一句话:"嫁人不嫁妈宝男。"这类男生通常会把妈妈放在心里第一的位置,总把"我妈说"挂在嘴边,无论年纪多大,都会对妈妈言听计从。

如果"妈宝男"开始恋爱,男生可能会让妈妈介入,进而影响择偶,因为假如妈妈说女生不合适,两个人多半就会分手。在婚姻当中,妈妈跟媳妇发生了矛盾,"妈宝男"一般会站在妈妈一边,不维护妻子,这样婚姻也难免产生裂隙。

"妈宝男"的产生与家庭教育有很大的关系,他们一般都会有一个没原则、没底线溺爱自己的"完美妈妈"。这种溺爱型的妈妈在养育孩子的时候,会把自己的情感都倾注在孩子身上。她们会在儿子与自己的亲密关系中得到情感上的满足。但这也会导致"妈宝男"与妈妈的关系过于亲密,造成心理上"没断奶"的状态。

儿子与妈妈的关系边界不清晰,就有可能导致妈妈直接干涉甚至是控制他与另一半关系的发展。小到家庭里的经济支出,大到孩子培养的方式、夫妻之间的相处，妈妈可能都要参与进来。男生夹在妻子和妈妈之间，学会平衡和调节非常重要。而"妈宝男"因为过于信赖妈妈，可能就会在婆媳关系的调节当中隐身，这可能会造成妈妈跟妻子之间产生矛盾。

但单纯一个"妈宝男"的评价，并不能断定这个人的好坏。有的男生可能在对待另一半，以及平时做人处事的时候都挺好的，但就是离不开母亲的安排和影响。让"妈宝男"适当地从一对一的母子关系中脱离出来，会更容易培养他在恋爱关系或者婚姻关系中的责任感，从而一步步脱离这个角色。

结婚前，程欣就发现男友是个"妈宝男"。当时两人还在热恋，她跟男友逛街的时候，帮他看中了一件羽绒服。当时，他只说再考虑一下。程欣以为他只是觉得贵，就打算偷偷记下样式，回头自己买给他。但是后来程欣发现他已经买好了。原来是他做不了决定，又带着他妈妈去看了一次，他妈妈觉得没问题，他才买的。程欣当时就断定他是个"妈宝男"。

程欣觉得男友其他方面确实挺好的，双方感情也好，还是选择嫁给了他。但"妈宝男"这个特质在婚后对他们的影响却越来越大。他妈妈的控制欲极强，什么事都要帮她老公安排好。程欣找他商量事情的时候，他还会转头再去跟他妈妈商量一遍。生完孩子之后，他俩的矛盾就更明显了。

后来，程欣觉得要做出改变，就频繁安排自己一家三口单独待在一起，比如旅游、郊游等，什么事情都让她老公安排，让孩子有什么事也去找他。后来，渐渐地，这个"妈宝男"在自己的小家里有了责任感和归属感，夫妻之间的矛盾也减少了许多。

男人如果想要承担起对伴侣的责任、对整个家庭的责任，获得自己独立自主的生活，就要学会站在妻子和妈妈之间的平衡点上。妈妈的话虽然要听，但自己的主见也很重要，要从"精神上断奶"这一步开始。

👍 给予时间和空间

尊重对方与妈妈之间的关系，不要一下子就试图切断他和妈妈之间的联系。可以先从妥协开始，再慢慢表现自己的重要性，鼓励对方共同成长。

👍 跟伴侣建立新的舒适圈

双方可以创造一个新的舒适圈，把对方的注意力从他妈妈的舒适圈里转移出来。比如，可以在晚上入睡前，在伴侣的耳边描绘未来一起生活的美好场景（这个场景里只有双方和孩子），不断强化小家的舒适圈。

👍 多沟通，少争吵

"妈宝男"可能会比较固执，自尊心也可能会比较强，所以要尽量避免争吵，多保持良好的沟通。自己或许不同意对方的观点，不同意对方妈妈的观点，但仍然要保持沟通，多输出自己的想法，让对方知道自己的想法也很重要。

3

爱情如戏，你必须遵守规则

有的人好不容易找到了属于自己的爱情，跨过重重困难，终于与对方走到了一起，但总是走不长远，因为各种原因渐行渐远。为什么同样是从零开始的爱情，有的人能让自己的爱情变得长长久久，而有的人在爱情里走了一段路，又回到了原点？因为爱情当中有一些隐藏的规则，我们必须遵守。

首先是保护彼此的私人空间，这是每个人最基本的需求，无论从心理上还是从环境上来说。我们可能会觉得，两人之间就应该坦诚相待，不该有任何隐瞒，什么事都要毫无保留地告诉对方，还想一步步去探求对方的隐私，但这样做实际上可能会触及对方的底线。

作家蔡尖尖曾经说过这样一句话："婚姻就是两个相交的圆，相交之外，你可以遵循自己内心的想法；相交之内，那是你们重合的部分。每一次你自以为是无所谓的越界行为，都是往对方身体上扎针。"不是所有人都愿意把自己的一切暴露在别人面前，即使是爱人也不行。我们刨根问底,只会让对方厌烦。给彼此之间留一点距离,给对方一些能把自己秘密藏起来的私人空间,这样大家才能感到自由和有安全感。

其次是给予彼此一定的信任。两个人相遇的时候,会因为彼此身上的亮点而产生好感,但这种好感是暂时的,只有信任才能让双方长久地走下去。这种信任不仅仅是相信对方说的话、做的事,还是对对方内心深处的了解和接纳。

感情中缺乏了信任感,即使是相爱的两个人,也难以持续下去。因为不信任会导致两人之间互相怀疑,产生不安,这些会消耗双方的精神和耐心。相互信任会让彼此之间的相处更加自在和轻松。

赵梓某天收到了一封匿名邮件,内容是她的男朋友李亮在公司里跟女同事暧昧不清。赵梓感到很难过,不知道该相信还是该怀疑。

当她犹豫不决的时候,李亮主动找到了她,并且把所有事情都解释了一遍,还说匿名信其实是与他有矛盾的同事故意为之。原来那位女同事只是李亮某个项目的合作伙伴,他们确实私下会有联系,但基本上聊的都是工作上的事情,并没有做出格的事情。

赵梓听完就放下心了,之后对李亮也更加信任了。而李亮的坦白,也让两人之间的感情更进了一步。

爱情当中安心的大部分来源,都出自于我们对伴侣的信任。这种信任是建立深度亲密关系的基础。当我们互相信任对方的时候,会更愿意跟对方分享自己的生活,分享自己的想法,也更愿意放下心理防备，做到互相理解。信任还会给予我们表达的勇气，让我们更愿意说出真实的感受，从而帮助我们更有效地解决情感当中的问题。

最后是互相尊重，互相理解。尊重不仅仅是爱情的基础，也是人际交往的基础。我们不仅要尊重对方，也要尊重自己。

美国著名心理学家艾瑞克·弗洛姆曾提出"没有尊重的爱是控制"的说法。以爱情的名义，以"为你好"的名义，要求对方改变，这不是尊重，是道德绑架。这也是很多情侣经常违背的一个规则。

孙宇从一无所有打拼到了有房有车，有事业有存款。但随着自己的发达，他竟然想"改造"老婆，想把她改造成与自己今天的身份匹配的完美爱人。

他先是给她报了各种培训班，让她参加成人自考，但是她就是学不进去。既然读书行不通，他只好让她学艺术、学音乐，但她没有音乐天赋，乐谱根本看不懂。孙宇还是不想放弃，总是逼迫她学这学那，就是想让她学一门拿得出手的技艺，根本不尊重她的想法。事实上，他老婆虽然文化水平不高，但很喜欢在家相夫教子。家庭的温暖才是她最想要的。

不论是夫妻还是情侣，双方都会存在很多的差异。想要爱情稳定，不在于彼此有多相似，而在于发现彼此的差异时，选择尊重差异的存在。小到对方的生活习惯和品位，对方喜欢的菜、喜欢的穿衣风格，大到对方的价值观、人生选择，我们都要给予尊重，不可自以为是，妄图改之。

👍 主动表达自己的想法

学会主动表达自己的想法和感受。不要把疑惑和不满藏在心底，也不要把自己的需求和期待放在脑中，可以选择合适的时机，把自己的想法坦然地跟对方说出来，让对方了解自己的内心。这样双方才能更好地了解彼此，消除误解。

👍 尊重彼此的决定

在做重要的决定时，我们需要尊重对方的意见，一起协商，并在此基础上达成一致。就算有不同意见或分歧，也要用平和的态度进行讨论，而不是猜疑和攻击对方。

4
爱上一个人还是爱上爱情

我们是在追求爱情的感觉,还是因为爱上了一个人,才获得了爱情?我们总是期待自己陷入爱情,又总是分不清爱着的到底是什么。

比如,我们是爱吃美食,还是唯独钟爱一道菜?如果是爱吃美食,那么只要是好吃的,我们都会去尝一尝。一道美食没有了,还可以吃其他的美食。而钟爱一道菜,就是宁愿饿着肚子,也只会等待这一道菜的到来。

闫娜娜一旦开始新的恋情,就会全身心投入。朋友们总能看到她在朋友圈晒自己跟男朋友的照片和视频,听到她兴致勃勃地谈论她在恋爱中的甜蜜。在恋爱期间,男朋友在她眼中是完美的。等到过了热恋期,她好像才能看清楚男朋友真实的模样。她会说:"我不知道自己是怎么看上他的。""他其实也没那么好,我之前为什么会觉得他帅?"没过多久,闫娜娜就又分手了,然后开始寻找下一次的爱情。

有很多人是在爱情中享乐的，他们并不需要一个特别的人，只需要对方给自己带来爱情的感觉。当热恋退去时，他们很快就会不自觉地去寻找下一段感情。剧作家萧伯纳说："人生有两大悲剧，一是没有得到你心爱的东西，一是得到了你心爱的东西。"一般在恋爱的初期，爱情充满了冲动，我们的身体会疯狂分泌肾上腺素和多巴胺，这会促使我们下意识地去追求想要的爱情，美化对方的任何行为以及任何形象。这种爱情，只是爱上了内心投射的影子，并没有真正爱上一个人。

当爱情的热度消散，一个人才会在我们面前出现真实的样子。我们会发现对方的各种缺点，但这也意味着这段关系才真正开始，两个人才真正相遇了。爱上爱情，意味着我们只是喜欢爱情里的美妙感觉；而爱上一个人，意味着我们愿意去深入了解那个人，愿意为那个人的幸福而努力。

周莹跟她的男朋友经历了三个状态：从伪装到放下戒备，再到放飞自我。他们在图书馆相遇，彼此一见钟情。刚开始周莹很享受跟男朋友约会，每次约会之前都要花上好几个小时挑选衣服。跟男朋友单独相处的时候，她总是害羞，吃饭也不敢多吃，生怕对方觉得自己很能吃。

但时间长了，周莹自身比较随意的个性就慢慢暴露了出来，有一次甚至忘了化妆就出门了。周莹以为男朋友会不喜欢，没想到男朋友却直言周莹素颜也很好看，因为她是自己真心喜欢的人。

此后，周莹的男朋友好像才真正走进她的世界，跟她一起胡闹，一起做各种幼稚的事情。两人最终进入了幸福的婚姻殿堂。

"我爱你"也意味着"我看见了你",真真实实地在爱情里看到眼前的这个人,接纳对方的优点和缺点。两个人是在互相付出和包容中走向真正的亲密关系的。

心理学家沙利文对爱的定义是:"当另一个人的安全与满足,变得和自己的安全与满足一样重要的时候,爱就存在了。"我们爱上对的那个人时,可能一切都会变。即使对方从幻想中跌落下来,即使失去了热恋的光环,我们仍然愿意平凡地与对方携手走下去。这种心动是专属于对方的,即使随着时间流逝,这种感情也不会逝去。

👍 分享爱而不是索取爱

真正稳固的亲密关系,不是一味地在爱情当中索取,而是互相分享心中的爱。不要只借助爱情填满心里的空虚,而要互相吸引,努力在这段感情中为对方着想。

👍 爱对方的本质

不要把对方转变成自己的"理想对象",而是要在相处的过程中看清楚对方的内在,被对方真实的本质打动。

👍 理解爱一个人的方式

每个人恋爱的方式都不同,有的人喜欢张扬炫爱,有的人喜欢在日常生活中低调地说"爱你"。我们要理解,爱情的模样因人而异,爱一个人就会懂对方爱自己的方式,可能会热烈,也可能会含蓄。我们要做到爱一个人,而不是爱那段理想中的关系。

5

因为你,我忘记爱自己

张爱玲说:"见了他,她变得很低很低,低到尘埃里。但她心里是欢喜的,从尘埃里开出花来。"因为爱一个人,所以会把自己的位置放得很低,只为付出一切来表达自己的爱。但这样也常常会导致我们忽视自己的感受,因为爱对方而忘记了爱自己。

在《被嫌弃的松子的一生》中,松子带着委屈和失望离家出走了,她打算去一个陌生的城市重新开始生活。她在新城遇到了落魄作家彻也,两人很快便坠入爱河。

由于彻也稿费很少,松子不得不努力打工来承担两个人的开销。彻也觉得这样还不够,就逼迫松子做舞女挣钱。松子不肯答应,彻也居然对松子大打出手。松子被摔在地上,没有难过,只喃喃自语地说:"打我也没事,只要他能陪着我就好。"

彻也因为动手不小心打翻了热水壶,开水烫到了他的手。

松子看到后，不顾自己身上被打的疼痛，踉跄地跑到彻也身边，小心地查看彻也的手……

松子的一生都在渴望别人的爱，她放下了自己的尊严。无论是亲情还是爱情，她想爱身边的每一个人，也想用自己的爱来换取别人的爱。但正是因为过度爱别人，她忽略了自己，让自己总是被伤害。我们一味地付出，对方却把我们的爱当成理所当然，完全不珍惜我们疯狂输出的"爱意"，当这种爱与被爱变得不平衡的时候，不仅我们自己会受伤，这段感情也终究难以维持。

王尔德说："爱自己是终身浪漫的开始。"真正的爱本质就是给予，想要给予，我们的内心就要富足，而富足的根源是爱自己。当我们内心有不断涌出的爱的能量时，我们自己会被这些能量充盈，也更愿意把这些能量分给别人。

简·爱从学校毕业之后，成为一名家庭教师。那时家庭教师的工作很容易让人瞧不起，但她从来没有为自己的工作感到自卑。她因为这个工作认识了罗切斯特。罗切斯特是个有钱的庄园主，帅气还多金，是人们心中"理想的丈夫"。

简·爱在跟罗切斯特相处的过程中，爱上了他。罗切斯特也因为简·爱的与众不同，而爱上了她。罗切斯特还想让简·爱戴上名贵的珠宝，穿上华丽的衣服。他说："我一定要亲手给你戴上，我要让所有人都承认，你是个美人。我要让你穿上花边衣服，戴上无价的面纱。"而简·爱却拒绝了，她说："那我就不是简·爱了。"

简·爱没有因为爱上罗切斯特，而失去自己的追求，也没有失去自我。正是因为她知道自己想要什么，知道怎么爱自己，才能获得更多的爱和尊重。

我们足够自爱的时候，才会关注自己的需求，满足自己的需求。我们不仅会给予别人恰到好处的爱，也不会打着爱的名义去"勒索"别人的爱。我们不再逃避，看清楚自己的真正价值和需求时，才会得到快乐和满足。这些都不是来自别人，而是来自我们内心深处对自己的肯定。

爱自己和爱别人是可以共存的，就算我们在爱自己之后，遇不到可以爱的人，也不会担忧和惧怕，因为我们有底气过好现在的生活。当爱情来临的时候，我们也可以抬起头说："你很好，但我也不差。"

👍 坚持自己的底线

就算伴侣可能会因为一些期望，希望我们做出改变和妥协，但我们也要坚持自己的底线。比如，对方希望我们按照他的规划来生活、工作，我们可以做参考，但是要以自身的需求为主，把自己放在第一位，坚持自己的选择。

👍 持续发展自己

就算沉浸在爱情中，也要保持自己的兴趣和爱好，拓展自己的社交圈子，提高自己的技能和知识水平，发掘自己的潜力，追求自己的理想。我们要尊重自己的选择和决定，掌控自己的未来，并为自己的行为和后果负责。

👍 保持自己的独立

减少对对方在生活和感情上的依赖,保持自己的独立性。对方有自己的人生路线,我们也有自己的人生路线。我们可以把对方考虑进自己的未来,而不是把自己的未来变成对方的未来。要让自己经济独立、思想独立,与对方建立平等和健康的关系。

6

感谢你参与我的青春

我们可能会在某天的夜晚,因为分手而独自一人流泪。此后,我们或者颓废丧气,又或者假装忙碌,就为了忘记那个曾经在我们心里很重要的人。

人的一生大概会擦肩而过几十万、几百万,甚至上千万人,有学者推算过,人与人相识相知的概率只有不到 10 万分之一。然而这样的小概率事件几乎每天都在上演,分手也会相应发生。分手和相遇一样,都是不可避免的,但就像董卿说的一样:"无论我们最后生疏成什么样子,曾经对你的好都是真的。就算终有一散,也别辜负相遇。希望你从来都不后悔认识过我,也是真的快乐过。"就算现阶段说再见了,那些曾经在一起的时光是不会消失的。

在路遥的小说《人生》中,农村姑娘刘巧珍爱上了知识青年高加林。刘巧珍不顾别人的指指点点,主动接近高加林。

她偷偷买下高加林卖不出去的馍；她精心打扮自己，吸引高加林的注意；她还大胆地邀请高加林一起骑自行车。高加林最终被刘巧珍打动，两人在一起了。

可甜蜜的时光没有持续多久，高加林当上记者后嫌弃刘巧珍没有文化，就提出了分手。他以为刘巧珍会粗俗地大闹，并纠缠自己。但刘巧珍咽下了这份难过，她知道高加林的心已经不在她这里了，就头也不回地离开了他。

三毛说："上天不给我的，无论我十指怎样紧扣，仍然走漏。给我的，无论过去我怎么失手，都会拥有。"两个人在感情里，如果不是双向奔赴，那么再如何挽留都是徒劳无功。用自己付出的时间来捆绑对方，也是在捆绑自己，最后只会两败俱伤。不如好聚好散，各自安好。

我们一生兜兜转转，都在寻找和自己相配的另一半，可谁也不能保证，我们遇见的下一个人就是适合自己的。所以，分分合合很正常，两个人能在千万人之中相遇已经很难得。我们爱对了是幸运，爱错了也是缘分。

黎昕和孙磊没有熬过七年之痒，他们都没有了往日的激情。由于两个人的感情回不到爱情，也变不成友情和亲情，所以两人还是决定分手。黎昕趁孙磊不在家的时候，收拾好了自己的东西，在桌子上放了一张小纸条，上面写着："以后少喝点酒，我先走了。"

后来，朋友还调侃黎昕："还整得挺伤感，你真的就这么放手了吗？"黎昕笑了笑说："因为爱过，所以才能潇洒地放手。虽然没能从校服走到婚纱，但我还是感谢他陪了我这么长一段时光。"

分开也不是一件糟糕的事情,正因为两人不合适,所以才会分开。在两个人分开之前,其实会有许多迹象表明感情已经慢慢破裂了。造成分手的某件事只是导火索,没有必要耿耿于怀。无论结果怎么样,那些曾经的美好都是真实存在的,那些欢笑和泪水、付出与纠结,都在彼此的心里留下了痕迹。

人生的感情路就像一趟旅途,重点不在于目的地,而在于路上看过的风景。那些曾经走进我们生命中的人和事,都是美丽的风景。即便两个人最后变得生疏了,我们也不会后悔,因为那些都是宝贵的回忆和青春。

👍 接受已经分手的事实

既然已经分手了,就不要再幻想不可能发生的事情,这会给自己再次带来伤害。我们可以在一个安静的房间里大哭一场,也可以大声听音乐,把自己的情绪释放出来,然后告诉自己:"已经结束了。"

👍 想想对方分手时的感受

我们可以换位思考一下,也许分手带来的情感上的损伤是双方面的,只是多和少的区别。站在对方的立场时,我们可能会发现对方也失去了某些东西,这样一来我们心理上也会得到一些平衡感。

👍 删掉对方的联系方式

把对方的手机号以及各种社交账号等联系方式都删除，不再偷偷关注对方的一举一动，不再看对方发的动态，忘不掉就强制把对方屏蔽。脱离对方的生活，让两个人的联系停留在过去，把目光转移到自己的生活中来。

好的婚姻，需要好的情绪

PART 5

PART 5
好的婚姻，需要好的情绪

婚姻不是"非对即错"

《灵魂摆渡》里面有句话："世间真的有对错吗？对错只是立场不同而已。"放在婚姻里，这句话同样适用。争吵是一场辩论，如果双方都觉得自己是对的，非要争个谁对谁错，结果只会伤了感情，得不偿失。

在婚姻当中，即便是心意相通的两个人，也可能存在意见分歧。因为我们每个人都是独立的个体，都有着自己的个性和习惯，对待同一件事可能会有不同的看法，所以这些观点其实没有对错，只是不同。夫妻之间不争输赢，不辩对错，才是大智慧。

李青结婚之后，和老公去海南度蜜月。这次蜜月他们选择了自由行，没有跟旅行团。在一个旅游景点，他们产生了意见分歧。在一个岔路口，李青坚持认为应该走左边，而她老公则认为走右边才能快速到达下一个景点的入口。

他们两人站在一个指示牌下面据理力争，谁也不愿意让谁，谁都认为自己才是对的。李青跟她老公争执了一会儿，就觉得很难过，好像眼前的男人根本不爱自己，就随口承认他是对的。没想到正是因为李青低头的这个举动，她老公的态度也软了下来，表示愿意陪李青试一下她选的那条路。

婚姻当中的争吵，可能会让夫妻关系变得更加紧密，也可能会变得更加脆弱，这完全在于我们的选择：我们是想通过争吵压对方一头，追求自己的地位和满足感？还是想通过争吵找到问题，然后解决问题？

如果我们能够把目光稍微从自我上移开，看一看彼此之间的差异和分歧，关注双方的需求和感受，也许就能体会到婚姻中的幸福。这并不是说我们要完全舍弃自己的权益，而是找到一个双方之间的平衡点，愿意站在伴侣的立场上思考问题，一起商量出最佳答案。只有通过理解和沟通，我们才能建立起稳定和谐的夫妻关系。

冷萱特别争强好胜，在婚姻里也是一样。她总是会为了自认为很对的小事，跟丈夫陆航争得面红耳赤，有时还会口不择言，说一些伤感情的话。

某次陆航想办一张健身卡，费用确实不便宜。而冷萱就不想让陆航花这个冤枉钱，理由是家里明明买了跑步机，完全没必要去健身房。她还说："家里的跑步机还不够你跑吗？非得跟一大群人聚在一起锻炼，真是有够无聊的！"陆航最后听了老婆的话，选择在家里锻炼，省了一笔钱。

后来冷萱问陆航，为什么每次她死活要争个对错的时候，陆航总能让着自己，不跟自己争论。其实她也知道自己有时候有点无理取闹。陆航笑了笑说:"和你争赢了,也没什么好处啊。我是要跟你一直过日子的,何必计较一时的输赢。而且你争的都是小事,如果不是原则问题,我真的不会在意。"

作家艾小羊曾说:"不要动不动在亲密关系中谈三观、争对错,而是要懂得自省与感恩,明白亲密比正确重要,包容比改造重要。"当我们愿意在婚姻当中听取对方的意见,并且尊重对方的决定时,我们才能让夫妻关系变成一种共赢的关系,让双方都得到满足,让婚姻变得持久。

👍 只解决问题,不攻击对方

在面对争吵和冲突的时候,我们应该先冷静下来分析问题,而不是一味地在争吵当中攻击对方。我们应该理解对方的立场,感受对方的情感,然后以解决问题为目的进行沟通,最后达到和谐相处。

👍 试着把"你"换成"我们"

我们跟伴侣之间产生了分歧,可以在交流的时候把"你"换成"我们"。比如出门的时候,对方因为一些事情耽误了时间,我们就可以把"你能不能快点"换成"我们快点吧,不然时间不够了",以期减少冲突。

👍 少点争吵,多点理解

争吵不可避免,但可以有所节制,尽量减少。在我们与伴侣产生冲突的时候,不必着急发表自己的看法,可以先听听对方是怎么说的,控制好自己的语言和情绪,尽量避免说出伤害对方的话。

② 性格不同,如何地久天长

夫妻能否和睦相处,会受很多因素影响,其中就包括两人的性格是否合适。在许多分手理由当中,有一个高居不下的理由:"我们性格不合,还是分手吧。"在婚姻当中也是如此,许多矛盾的源头,都是性格问题。

有些夫妻性格相反,一生都在对彼此的折磨中度过;也有些夫妻性格相差很大,生活在一起很幸福。同样是性格不同,为什么有的夫妻相处得很好,而有些夫妻却把生活过得一团糟呢?

在电视剧《我们的日子》中,傅莹和东方玉树这对夫妻,一个是嘴比心快的农村妇女,一个是喜欢音乐的文人。这两人文化程度不同,性格也不同。

傅莹性格外放,没有像丈夫一样细腻的心思,干家务活儿的时候很利索。她虽然不懂东方玉树的音乐,但是当丈夫奏乐给孩子听的时候,她看着孩子神奇地停止了哭闹,也很佩服丈夫。东方玉树喜欢看书,也喜欢对别人讲大道理。他的长篇大论对于傅莹来说,就像石沉大海,得不到什么回应,可是他也没有对妻子抱怨,在生活上还打心底里佩服妻子很能干。

傅莹说:"两口子不能完全一样,那就顺拐了,就得互补。就像那个螺丝钉,需要有螺丝帽配。俩螺丝帽是一样了,但是拧不到一块儿去。"

瑞士婚姻咨询师普拉特纳在其著作中写道:"大部分婚姻都是内倾型与外倾型的结合。"性格不同的人并不意味着不能在一起,有时会恰巧互补,有时也会需要更多的努力和理解。夫妻之间的感情,需要双方一起努力经营和维系,只有双方彼此包容,才能让婚姻当中的两颗心靠得更近。

况且,并不是两个人性格不同,就完全没有共鸣。我们可以通过双方在别的地方的共同点,来抵消性格上的差异带来的影响。我们虽然可能与对方性格不同,但可以培养共同的兴趣,一起做差不多的事情,用关怀和包容平衡性格的不同。

张曼和李海森相恋不久。李海森是一个很内向的人,喜欢独处和一个人思考;而张曼却是一个活力四射的人,喜欢品尝各种新鲜食物,也喜欢跟别人打交道。这两个人的性格虽然截然不同,却有共同的爱好,那就是音乐。

李海森喜欢弹吉他,而张曼喜欢唱歌和跳舞。他们在相处的过程中深入了解了彼此,互相分享了各自的爱好和心得。

后来，他们两个人一起加入了艺术团，还经常一起排练。他们沉浸在音乐的世界里，感情越来越深厚。

心理学者李中莹先生曾说："人很难改变别人，我们唯一能改变的只有自己。"在一段亲密关系中，如果我们只是强迫对方改变来迎合自己，并不会给这段感情带来安全感，反而可能会失去被爱的价值。我们在面对彼此的差异时，没必要急着去改变对方，而可以通过爱和包容慢慢让彼此更接近。

事实上，性格并不是一成不变的，两个人在一起时间久了，自然会发生一些变化，就好比"你敬我一尺，我还你一丈"。以前的棱角分明，也可能被逐渐磨平。两个人可能一开始还会被彼此的刺扎到，但在你来我往的相处当中，会逐渐触碰到对方柔软的部分。遇到对的那个人时，我们可能就会在不经意中为对方改变。

《爱的性格》的作者之一马蒂·奥尔森·兰尼说："哪怕是天生性格不同的人，也能让伴侣更懂自己，从而收获幸福美满的婚姻生活。"性格不同只是两个人相爱的先天客观条件之一，而这种差异，都可以在后天的婚姻生活中得到磨合和互补。我们的差异是真的，矛盾是真的，但对彼此的爱意也是真的。就算性格不同，我们仍然能跟爱的人天长地久。

👍 从差异中去欣赏对方

婚姻不是从改变对方开始的，而是在欣赏对方中持续的。我们可以从性格差异出发，找到对方值得欣赏的地方。比如，我们讲究随性，对方讲究严谨，我们可以欣赏对方的条理性，对方也能欣赏我们的豁达，用欣赏来抵消彼此之间的差异可能带来的矛盾。

👍 找一找共同的兴趣

我们可以找一找两个人都感兴趣的事物，或者共同的话题，以此来加深彼此的了解，让双方的性格更容易融合。我们还要尽量少去触碰对方的弱点，多给对方一些鼓励和关心。

婚姻不是感情的战场

两个人成为夫妻，一起搭伙过日子。有的人搭着搭着，一辈子也就这么平淡地过去了；而有的人搭了没几天却出了问题，为了一点小事就起争执，把婚姻当场战场。这样做的结果往往是最后赢了争吵，输了感情。

婚姻不是战场，两个人组建的家庭是讲爱的地方，不是讲理的地方。真正懂得维系婚姻的人，都懂得宁愿嘴上吃亏一些，也要换取家庭的安宁。

民国年间，梁启超的孩子被一位官员开车撞伤了，梁启超不想把事情闹大，就接受了官员的道歉。但是他的夫人李蕙仙心疼孩子，不想接受轻飘飘的道歉，一定要面见总统，状告官员。梁启超虽然反对，但也没有阻止她。

最后这件事闹得满城风雨，外界都在传梁启超的夫人让总统赔不是,都说梁启超"怕老婆"。后来,梁启超在寄给国外女儿的书信中写道:"我见人已平安,已经心满意足,不欲再与闹。惟汝母必欲见黎元洪,我亦不阻止,见后黎极力替赔一番不是,汝母气亦平了,不致生病,亦大好事也。"

很多"怕老婆"的故事背后,其实都隐藏着丈夫在婚姻当中包容的心。夫妻之间其实不用讲道理,要互相理解。而且在一些对外的场合里,夫妻更要站在统一战线上,一起维护整个家庭的安稳和幸福。

有人觉得"有理走遍天下",但这个"理"可能在夫妻关系当中行不通。很多琐碎的事情背后包含的都是伴侣的情绪诉求,对方可能只是想要得到呵护和包容,并不是想与我们针锋相对。家应该是一个供心灵休息的港湾,是夫妻之间互相谦让、相亲相爱的地方。

我们在婚姻当中争对错,其实是因为不愿意在对峙当中承认自己错了,所以会下意识地把另一半当成需要对抗的人。我们在面对错误时,首先想到的就是辩解。我们会想:这肯定是你的错,就算是我错了,你的错也会更大一些。而这种在婚姻里比强弱、争输赢的行为,其实反而证明了自己的脆弱。

周雨泽平时就很幽默风趣,回到家里也是笑语连连。不论妻子说什么,他都说好。他的朋友每次去他家做客,都很羡慕他家里的家庭氛围,甚至称他是丈夫中的楷模。

周雨泽跟朋友说,他从来都不主动跟妻子吵架,他觉得妻子总是对的。在结婚的一年半后,妻子的亲弟弟要结婚买房,想向妻子借钱,妻子就把家里的6万元存款借了出去,但是没有跟周雨泽说。后来周雨泽知道了,也并没有责怪妻子,还认为钱太少，帮不了什么忙，应该多借一点出去。

　　罗曼·罗兰说："当你宽容别人的时候，你就不会感到自己和别人站在敌对的位置。"在婚姻关系中也是一样的，我们在家庭中把自认为正确的逻辑暂时放下，就可以用心去听对方的情感诉求，也就不会想把伴侣放在与自己相对立的位置上，这样更容易让婚姻获得和谐和幸福。

　　吵吵闹闹本就是生活的常态，在爱情和婚姻里也是一样。这些争吵本就是感情磨合和升温的台阶，而不是一场场战争。只有放下成见和怒气，好好说话，才能给家庭带来温馨和睦。婚姻里的爱情其实很简单：我们包容对方，对方包容我们。感情想要经久不衰，就要适当地互相"装傻"，我们护着对方的短处，对方也必能护着我们的短处。我们都不是十全十美的人，不需要有过多的挑剔和指责，也不要在意输赢，这样的亲密关系需要宽容来呵护。

　　婚姻里两个人的相处就像跳双人舞，总要你退我进、你进我退，互相配合和懂得退让才能让婚姻生活像舞蹈一样美丽又多姿多彩。

4

婚姻需要正能量

保持家庭美满幸福的原则，就是让家中充满鼓励、肯定、尊重的正能量，而不是唠叨、斥责和抱怨的负能量。

有一个农妇在吃饭的时候往丈夫面前放下一堆草。她的丈夫大怒道："你疯了吗？竟然让我吃草？"农妇回答道："你还知道这是草吗？我为你做了那么多年的饭，从未听你说过一句赞美的话来让我知道之前给你吃的不是草。"

曾经，俄国那些上流贵族很注重礼貌。他们吃完一顿丰盛可口的美餐后，总会把厨师请来赞美一番。同样的举动，我们为什么不在自己的伴侣身上试试呢？

有一位好莱坞电影明星在其访问记中这样写道："我的太太是世界上帮我最多的人，儿时我们就青梅竹马，那时她就支持、鼓励我勇往直前。

PART 5 好的婚姻，需要好的情绪

结婚后，她节省每一分钱为我积累财产。现在我们有5个可爱的孩子，是她给了我一个甜蜜的家庭。我的任何成就都要归功于我的太太。"

这个明星还说："她虽然失去了舞台上的掌声和赞美，但是我随时都会在她身边赞美她。"一个妻子可以从丈夫的赞美和欣赏中寻找到快乐和欢愉，反过来，对妻子的欣赏也会为丈夫带来快乐。

只要丈夫称赞妻子几句，她就愿意做任何事。比如，丈夫赞美妻子去年那套衣服美丽，今年她绝不会再买新时装。更重要的是，这会让妻子心情愉快；而妻子开心，整个家庭都会充满欢声笑语。所以，为什么要吝啬赞赏呢？

在婚姻中，经常受丈夫夸赞的女人会越来越漂亮；同理，经常被妻子夸奖的男人会越来越优秀。他们的婚姻也会越来越和谐幸福。英国极负盛誉的政治家迪斯雷利，从不羞于让人知道"我的太太帮了我很多"。

迪斯雷利在35岁前没有结婚。后来，他向一个有钱的、头发已经灰白的寡妇求婚。对方年纪比他大15岁。

她不像年轻女子那样富有姿色，思想认知也比较落后，与人谈话常常会犯文学、历史错误，因此经常成为人们讥笑的对象。但是，无论她在众人面前表现得如何笨拙，迪斯雷利从来不批评她。如果有人嘲笑她，他还会立即为她辩护。因为在婚姻中，在如何对待一个男人的艺术上，她是一个天才。

每当迪斯雷利跟那些公爵夫人钩心斗角而心疲力竭时，她总能让他有个安静休息的空间，而且从不与丈夫持相反意见。迪斯雷利非常喜欢跟这个年长的太太在一起，她是他的亲信、顾问、贤内助、女英雄。

他会把白天了解到的新闻讲给她听,她也总是站在他的背后默默支持。他们相敬如宾,整个家庭气氛轻松愉快。狄斯瑞利说:"我们结婚30年了,我从来没厌倦过她。"

每个人都明白,一个美好的家庭比金钱要重要,但是人们往往会忘记为了婚姻美满而不懈努力。

在一部有关家庭关系的书上有这样一句话:"成功的婚姻不只是寻找一个合适的人,更要让自己学会如何做一个合适的人。"想要家庭更幸福,那就为家赋予更多正能量吧。

👍 增加生活中的仪式感

养成早起的习惯,为家人做早餐或者在家吃一顿丰盛的早餐;每周约家人一起看一场电影,或一起进行适当的运动;每个月组织一次全家的旅游;等等。这些生活中的"小确幸"会让我们感受到家庭中不经意间的幸福。

👍 多商量,少命令

不要说"你必须得去……""你赶紧去……",尝试着放低姿态,撒撒娇:"亲爱的,我今天站了一天,真的好累,你能拖拖地吗?明天给你做顿大餐奖励你!"妻子都这么说了,丈夫多半会乐乐呵呵地去干家务。做丈夫的也是一样,遇到任何事情,和颜悦色地和爱人商量,处处为对方着想,她定会对你付出同等的爱意与耐心。

PART 5
好的婚姻，需要好的情绪

婚姻是一场两个人的修行

文学大师林语堂曾经写道："婚姻犹如一艘雕刻的船，看你怎样去欣赏它，又怎样去驾驶它。身处红尘，谁都想找到一个灵魂契合的伴侣，造一座坚不可摧的安全岛，可进入婚姻后才发现，婚姻是一场两个人的修行。"

钱锺书和杨绛婚后一直过着平淡而有趣的生活，柴米油盐酱醋茶非但无法冲淡他们之间的浓情蜜意，反而让他们的感情变得更深厚。

钱锺书自嘲为"拙手笨脚"的生活白痴。杨绛怀孕期间，她若想要让丈夫做些家务杂事，从来都是轻声细语，和颜悦色。见丈夫笨手笨脚地为她做爱心早餐，并得意地说"我会划火柴了"，她会充满感激地向丈夫道谢，而不将他的付出视为理所当然。

杨绛爱整洁，她习惯将毛巾边对边、角对角，叠得整整齐齐。而钱锺书在生活里却不拘小节，他总是大大咧咧地将毛巾随手搭在洗脸架上。杨绛看到了直皱眉，但她不会语气生硬地命令丈夫将毛巾叠好，只是温柔地提醒一下。

恋爱时，隔着滤镜看对方，一切都是那么完美；但婚后，我们需要面对生活的琐碎，需要面对彼此的缺点，需要面对各种挑战和困难。然而，只要拥有"爱的决心"，我们就能在这场修行中走下去，拥有一个美好的未来。

一段美满的婚姻需要夫妻双方一起努力。不要总是天真地认为会有一个"对的人"能容忍我所有的坏脾气和缺点，维持一段美好和谐的婚姻需要的是克制和谅解。与其用坏脾气来挑战婚姻的底线，不如用好脾气来营造婚姻的美满。

每当想要大发脾气的时候都要告诉自己，眼前的这个人是今后一生中最亲密的人。对方为了维持这段婚姻也在努力地克制，自己又怎么忍心随便发泄坏脾气呢？好的脾气并非都是天生的，相信时间久了，当初那个暴躁的自己会被一个温和的自己代替。

有句话是这么说的："百年修得同船渡，千年修得共枕眠。"在婚姻这场修行中，没有捷径，只有经营。两个人从恋爱伊始步入婚姻的殿堂，靠的正是不断磨合，共同努力。

爱就是一场均衡的博弈，想要刻画出爱情最好的模样，博弈中的女人和男人就要达成一致。女弱男强或者女强男弱，注定只有一个人胜利。最好的博弈是棋逢对手，不分上下，女人懂男人的见识，男人佩服女人的认知，谁都有足够的实力滋养彼此，亦有默契和能力成就彼此，这才是爱最该有的样子。

婚姻，不是一个人的较量，而是两个人的修行。那么，夫妻该如何在婚姻中修行和成长呢？

👍 爱的决心

在婚姻中，夫妻双方需要"爱的决心"，这种决心表现为对彼此深深的爱和关心。因为这种决心，夫妻愿意去理解对方，包容对方，支持对方。有了这种决心，他们才能在面对各种困难和挑战时，比如工作遭遇挫折、家庭遭遇变故等，共同面对和解决这些问题，携手坚定地走下去。

👍 共同成长

在婚姻中，夫妻双方需要互相支持，共同学习，共同进步，共同走过人生的每一个阶段。

共同成长最重要的一点就是，夫妻一起设定共同的目标。可以共同制定短期和长期目标，比如关于职业的发展、财务的规划、家庭的计划等。共同的目标可以激发双方的斗志，激励彼此去达成愿景。

学习也是夫妻共同成长不可或缺的一部分。一个人要想在职场上求发展，就必须不断跳出自己的舒适区，持续学习成长。夫妻之间应该鼓励和支持彼此的学习与进修，可以选择共同参加各种培训课程，或者学习新技能。通过持续学习，提升能力，共同进步，夫妻双方可以保持在同一频道。

👍 尊重和理解

两个人要一起走下去,必然需要互相尊重和理解。尊重对方的生活方式,尊重对方的看法和意见,才能构建良好的沟通基础。只有理解对方的感受和需求,才能更好地支持对方,才能让彼此的心灵永远相互依靠。

一句"我养你",毁了多少人

很多人看了周星驰的电影《喜剧之王》,都会为那一句经典的"我养你"感动不已。可历经世事后大家才发现,人都是自私的,而爱情有时就是一种利益的权衡。你不能为这个家提供经济价值,也就意味着要丧失话语权。

秋丽和她老公吵得厉害,闺蜜很是不解:"怎么会?他不是个'二十四孝好男人'吗?事事都宠着你、惯着你,之前你上班不开心,他立马让你辞职说要养你……"

秋丽皱着眉说:"只是做做样子罢了,他心里真正怎么想的,关键时刻就看出来了。"

原来,秋丽的老公之前购买了一双售价好几千元的限量版球鞋,秋丽觉得太贵了,就说了几句。谁料她老公冷着脸道:"你每月就挣那么可怜的一点工资,你觉得贵很正常,我不觉得贵。"秋丽一听这话心里很不是滋味,问他是什么意思,他便立马闭嘴不说话了。

一提起这件事,秋丽就愤愤不平:"幸亏当初没有辞职,我每月好歹还有一份稳定的收入,他还这么看不起我。要真没了工作靠他养活,不知道要被挤对成啥样!"

男人在说"我养你"的同时,内心也在默默衡量你的价值。他无意说出的一句话,往往能透露出内心真实的想法。

很多女孩有这样的疑问:

"我在这座城市里有一份很好的工作,他却要回县城老家考公务员。我要放弃工作和他一起回县城安家吗?可小县城里真的找不到适合我的工作。"

"我们结婚后,他就让我辞掉工作,专心备孕。如今,宝宝快上幼儿园了,我也已经好几年没上班了。他一直反对我重返职场,我该如何选择?"

…………

其实,选择做全职太太风险很大。再牢固的婚姻或者爱情都有可能抛弃你,但工作不会。家庭里,并不是处处充满温馨与爱。无论是父母,还是夫妻之间,你的尊严、你在家人心中的地位与你的赚钱能力息息相关。如果没有稳定的收入,无论你在家里做多少家务,哪怕把自己变成保姆,在有些男人眼里都一文不值,还要被他嫌弃你花钱大手大脚,又懒又馋,甚至有可能连孩子也会轻视你。

一篇小学生作文意外登上网络热搜榜,这个10岁孩子的心声令人深感现实的残酷。这篇作文的题目是《我的妈妈》,小男孩在文章中写道:

PART 5
好的婚姻，需要好的情绪

我的妈妈不上班，平时就喜欢打牌和看脑残的电视剧，一边看还一边骂，有时候也跟着哭。她什么事也做不好，做的饭超级难吃，家里乱七八糟的，到处都不干净。她明明什么都做不好，一天到晚光知道玩儿，还天天叫累……我觉得，我的妈妈就是个没用的中年妇女。

女孩曾是父母的掌上明珠，在最好的年纪嫁为人妻，为家庭付出了一切，最后却慢慢变成孩子口中"没用的中年妇女"。丈夫时不时的疾言厉色，孩子发自内心的瞧不起，会深深击垮她们的自信。世界再大，也没了她们的立锥之地。

所以，在最该奋斗的年纪里，不要将希望都寄托在丈夫和孩子身上，不要心甘情愿地过着这种复制粘贴的生活。也许你并不缺钱，也有人愿意养，但一份稳定的工作、一份固定的收入带给你的却是独立的人格、开阔的眼界和充满可能性的下半生。如果你不知道学习、进步，彻底放弃工作和努力，放弃自己追求的东西，连自己的孩子都有可能看不起你。

婚姻不是"保险箱"，它其实是一场残酷的博弈。女人在婚姻里挣不挣钱，生活状态真的很不一样。不管你赚得多不多，在家都会有一席之地。你不至于为了买一个喜欢的包低声下气地管丈夫要钱，也不至于被他像对待保姆一样呼来喝去，想反击却毫无底气。

结婚后，爱情会被挤到一边，经济问题将成为生活的重头戏。你的赚钱能力决定了你的价值：你有价值，所有的付出才会被家人看重；你失去了价值，哪怕掏心掏肺，换来的也只是一个蔑视的目光。所谓"你的就是我的，我的还是我的"，只是大家心情好的时候开开玩笑而已。到了关键时刻，你会赫然发现，失去经济能力就意味着失去家庭地位。

婚姻中不委曲求全才能幸福

在婚姻中一味地牺牲和退让,并不能换来理想中的幸福。你越是为他步步妥协,就越发显得自己卑微。这样的婚姻,剩下的注定只会是痛苦。

在短剧《茶蘼》中,女主角如微为了爱情,选择一再让步,几乎失去了底线。

男朋友的父亲出了车祸,她辞掉高薪工作,鞍前马后地照顾男友的父亲。她和男友未婚先孕,因为男友没有存款,家里也一贫如洗,提供不了支持和帮助,她便主动放弃婚礼,和男友领证结婚。

婚后,如微怀孕反应强烈,她不得不放弃上班的念头,待在家休养身体,谁料被婆婆嫌弃。婆婆终日指桑骂槐,抱怨她只知道花钱,不知道挣钱。如微一再忍让,承担起几乎全部的家务，将自己操劳成彻头彻尾的黄脸婆。谁料她这样做不仅没有换来丈夫的心疼，反而让丈夫越来越嫌弃。

不是所有的忍让和包容都能得到珍惜。你以为那种失去底线、不计回报的体谅是一种高尚，可它其实是一种残忍。用委屈自己来成全别人，嘴上大度，心里却疼痛不已。况且，很多时候婚姻会变成一场拔河，你的步步后退只会换来对方的得寸进尺。

在婚姻生活中，许多女性在面对困境时，往往选择委曲求全以求和平共处。然而，这样的做法只会让问题进一步恶化，给自己带来更多的痛苦和困扰，甚至可能导致更大的冲突。

委曲求全的想法常常源于我们内心的不安全感和自卑感。我们常常担心和别人发生冲突，害怕被拒绝或被伤害，因此选择了绕道而行，忍气吞声。

另外，拿人恩惠也是导致委曲求全的一个原因。比如，婆家出了买房子的钱，就有了对你指手画脚的理由；婆家出了装修的钱，就有了更改装修风格的底气；婆家拿出退休金补贴你们小两口儿的生活，就能升起各种指责你的气焰。他们心中会认为，"我既然出了钱，就有话语权，而你什么也没有付出，就应该听我的"。

在婚姻中，不委曲求全，意味着要有明确的个人边界。个人边界是我们和他人之间的分界线，它定义了我们的需求、想法和感受。必要时，我们要敢于表达自己的想法。

小冉结婚后和丈夫在大城市里生活，过年的时候陪丈夫回老家。大年三十早晨五点多，婆婆就把她叫醒了，让她起床准备年饭。小冉也没生气，温柔地叫醒了丈夫和小姑子，说：

"准备年饭就要热闹嘛，大家一起来做，才有气氛！"还没等婆婆说话，丈夫和小姑子就不乐意了，说就算准备年饭，也没必要起这么早。

建立明确的个人边界，可以帮助我们在婚姻中保持独立性。只有敢于坚持自己的原则，拒绝不合理的要求，才能让别人知道我们的底线是什么。

很多时候，我们委曲求全是因为害怕冲突和争执。但如果长期隐藏自己的真实想法和情感，就会越来越不敢表达。弗洛伊德说过："任何关系，我们都要敢于用愤怒守住自己的边界。人没有愤怒，就像一个国家没有武装。"所以，不要因担心会被拒绝、被批评或被误解，而不敢表达。任何事情我们都可以大大方方说出来，清晰地表明自己的观点和立场。

那么，我们该如何在婚姻中避免委曲求全呢？

👍 正确认识自己的价值和能力

我们如果不够自信，就容易在婚姻中感觉低人一等，不敢在婚姻中表达自己的需求。其实，每个人都是独一无二的，都有各自的长处和才能。我们要正确认识自己，坚信自己的价值，看到自己的优点，拥有和对方平等对话的底气。

👍 表达愤怒

表达愤怒并不是指责、抱怨伴侣，更不是恶狠狠地嘶吼、大叫，这是语言暴力，只会让对方感受到被攻击，第一时间保护自己，而不是尝试理解你。

表达愤怒，不是表达"你"如何如何，而是表达"我"如何如何，即不是用情绪表达，而是表达自己的情绪。比如，对方令你不舒服，你可以诚恳地说："你这么做让我感到很生气。"你只有描述自己最真实的不舒服的情绪感受，对方才会尝试反思自己，理解你。

朋友相处,最难得的是情绪价值

PART 6

PART 6
朋友相处，最难得的是情绪价值

与乐观的人在一起，你也会活力满满

情绪是会传染的，我们与什么样的人相处，就会获得什么样的情绪和能量。如果总是跟悲观的人在一起，对方可能不是在抱怨自己的不顺利，就是在吐槽自己的烦恼，充满着焦虑和不安，我们就像个情绪垃圾桶，只能不断地接受对方的悲观垃圾。

周舟温柔细心，人也很好，但她总是很悲观。有人交了新男友，她好心提醒："你别看他现在对你好，等过段时间没准就暴露本性了。"公司发了奖金，她说："这不就是想让我们更加卖命吗？"每个对话，都充斥着多个"唉……"。别人跟她对话，她总是会把气氛搞得很沉闷，甚至别人说的只是单纯的一句"早上好"，她却感叹将要开始一天的疲惫。这就导致靠近她的人越来越少，因为谁也不想心情变差。

而当我们跟乐观的人在一起时，自己的乐观情绪也会被带动起来。跟这样的人在一起总会让人感到轻松惬意，聊天也像在度假，这会让我们干劲十足，对未来充满希望。自然界中的许多动植物都有趋光性，人类也是一样的，向往光明和快乐，喜欢跟充满正能量和乐观情绪的人交往。

唐代名臣魏征说："立身成败，在于所染。"意思就是，交什么样的朋友，就可能会有什么样的命运。遇见悲观的人，会消耗彼此的能量；遇见乐观的人，就能互相滋养。我们在今后的人生里多靠近能滋养自己的人，才更容易看见积极的未来。

著名作家史铁生20多岁的时候因病导致双腿残疾，失去行动能力，只能与轮椅相伴。他从一个能走的人变成了一个只能坐着的人，心态一度崩溃，整天郁郁寡欢，对未来失去了信心。

直到有一天，他的朋友柳青对他说："你为什么不写点东西呢？你有这个能力的。"史铁生思考了一下，决定下笔写下自己对于生命的思考。后来，柳青继续鼓励史铁生尝试剧本创作，总是很乐观地对他说："我看你行，依我的经验，你肯定能干写作这一行。"

受到柳青的感染和鼓励，史铁生充满了写作的自信，也燃起了生活的希望。他陆续发表了许多小说，更写出了影响许多人的《我与地坛》。后来，史铁生还在书里写道："柳青，是我写作的领路人。"

乐观的人就像一束光，会照亮和温暖身边的人。柳青的光洒在了史铁生身上，带他打开了人生中的另一扇门，让乐观积极的情绪驱走了他的迷惘和彷徨。就像是心理学上的"吸引力法则",我们想要成为什么样的人,就去靠近什么样的人。

我们常说环境塑造人,周围的朋友会影响我们的思维习惯和价值观,以及我们做人做事的态度。我们与乐观的人做朋友,就会获得他们对整个世界积极的看法,为我们面对生活中的挑战提供积极的情绪氛围。

跟乐观的人待在一起,我们的心态也会变好,因为他们总是会把事情往好的方向去想。他们不是没有烦恼,而是总会用乐观的心态去面对这些烦恼。当我们和这样的人交往时,也会被他们感染,会学着用平常心迎接那些困难,像他们一样用积极的心态来面对一切。

👍 多和性格开朗的人交朋友

观察自己身边的人,是乐观心态的多,还是悲观心态的多。可以多跟乐观的人相处,学习他们的处事行为,吸取他们身上的乐观能量,给自己创造乐观的氛围。

👍 学乐观的人,处理坏情绪

像乐观的人一样,不要把坏情绪带给身边的人,阻止坏情绪传播。把不开心的事情放下,多释怀,多笑一笑,多把事情往好处想。

👍 学乐观的人,过滤别人的评价

克服自己的玻璃心,像乐观的人一样过滤别人对自己的看法和评价,多把关注点放在如何发展自己上。不要因为别人的举动,而让自己变得担忧和焦虑,不让这些情绪影响自己的判断。多看开一些,忽略那些贬低自己的评价,只接受合理的建议。

感恩在困难中帮助你的朋友

人生的幸事,莫过于自己在低谷的时候,有人能拉我们一把。我们不可能一辈子顺风顺水,总有遭遇难事的时候。我们无法独自应对的时候,就需要别人的帮助。

然而,"锦上添花易,雪中送炭难"。只有在患难的时候,我们才能看见朋友的真情。在人生中,能够遇见一个在困难时帮助我们的人,真的足够幸运且值得我们去感恩。

在电视剧《安家》中,徐文昌心地善良,会积极帮助朋友,对陌生人也很热心。当初房似锦刚来到上海,什么都不懂,也没多少钱,只能躲到自动取款机亭里将就过夜。徐文昌看见后,主动帮她介绍了便宜的房子。房似锦一直在心里记着这份恩情。

后来,房似锦依靠自己的能力,在上海安定下来,又遇见了徐文昌。两人在相处中渐渐熟悉起来,每次房似锦有困难的时候,徐文昌都毫不犹豫地帮助她,从金钱上的援助,到精神上的安慰。

英国戏剧家莎士比亚说:"朋友间必须是患难相济,那才能说得上是真正的友谊。"当我们有困难的时候,身边的人不一定会帮助我们,他们可能会离我们而去,只有真正的朋友才会在这时仍然陪伴在我们身边。

就比如借钱这件事,风险其实很大。朋友在我们困难的时候,选择把钱借给我们,其实已经做好了我们还不上的打算。即使是这样,朋友还是愿意把钱借给我们,只想真心地帮我们渡过难关。他们在我们落魄的时候伸手,在我们穷苦的时候支援,助我们度过黑暗的时光。也正是因为有他们搭桥铺路,才能让我们在一次次危机中化险为夷。

高克恭和赵孟頫是至交好友,经常切磋画技。赵孟頫作为一代宗师,经常提携好友高克恭。

赵孟頫家里比较贫穷,所以经常帮别人作字画收取一些润笔费。高克恭知道赵孟頫生性耿直,不想接受别人无缘无故的帮助,所以就派人在私下偷偷以高价收购赵孟頫的画,帮助好友度过困难的时期。

后来,赵孟頫知道了,很感动,也明白好友的一片苦心。他在高克恭的画上题诗曰:"高侯落笔有生意,玉立两竿烟雨中。天下几人能解此,萧萧寒碧起秋风。"两人的友情成为历史上的一段佳话。

PART 6
朋友相处，最难得的是情绪价值

村上春树说："你要记住大雨中为你撑伞的人，帮你挡住外来之物，黑暗中默默抱紧你的人……是这些人组成你生命中一点一滴的温暖，是这些温暖使你远离阴霾。"朋友帮助我们，不是因为他们有多富裕，而是因为他们很珍惜与我们的这段友情，真正地关心我们。所以，我们应该好好珍惜身边这些爱我们的人，珍惜这些来之不易的朋友和真情。

朋友在精神上的帮助也很重要，就像最好的千里马也得遇到伯乐。只有受到肯定和鼓励，我们的潜力才会被充分发掘。那些在我们困惑时，能够认可并鞭策我们向前走的朋友，都会成为我们的人生助力。当我们迷失了方向，最可贵的是依然有朋友会相信我们，看到我们身上的闪光之处。就如作家胡辛束说的："在生命的艰难跋涉中，别人一句简单的鼓励，往往就能给你无限的动力。"

3

最长久的关系:彼此信任和理解

有很多我们身边的朋友,走着走着就散了。有人说,朋友是人生中的过客,是时间和空间把友情给消磨掉了。我们曾经可能会把友谊看得很重,也很较真,总是质疑朋友,也总想把朋友绑在自己的身边,从而逐渐把这段关系弄得很僵硬。

每个人都想要拥有一个知心的朋友,分享自己的喜怒哀乐,一起度过生命中的高低起伏。但友情可遇不可求,一旦建立了友谊,就需要两个人共同来维护。两个人只有彼此信任和理解,才能让这段关系持续下去。

在电视剧《欢乐颂》中,曲筱绡得知关关喜欢谢童,她怕关关被骗,就偷偷去调查谢童。结果发现,谢童曾旷课、打群架,被学校开除,还进过少管所。曲筱绡想阻止关关和谢童在一起,但关关知道之后很生气,她不希望别人来插手自己的感情生活。曲筱绡却说自己都是为了关关好,是为了保护她。

PART 6 朋友相处，最难得的是情绪价值

后来，关关跟樊胜美聊天，就说起了这个事："我尊重朋友的隐私。只要我朋友没有主动跟我说，那我不会去问，因为我坚信他不说就有他不说的道理。"

人与人之间如何长久地相处是永恒的谜题，直到现在我们仍然需要学习和摸索。因为各种原因，每个人的思想认知不同、文化水平不同、社会地位不同，这种种的不同会让人与人之间的交流产生障碍。

关系再好的两个人也是独立的个体，真正的朋友懂得尊重彼此的差异，并做到互相理解。我们不用总想着让对方认同自己的观点，不必刻意迎合对方，事事顺从对方，也不要私自打探对方的隐私，左右对方的决定。两个人拥有共同的话题，保持独立的个性，这样的友情才能保持长久。

韩愈和柳宗元是唐代古文运动的倡导者，并称"韩柳"。两个人一生都是好友，但性情完全不同。柳宗元性情温和，自称"自幼好佛"；而韩愈致力于复兴儒学，疾恶如仇。章士钊说："韩柳二公，在道义上东西相望，鸿沟宛然。"

即便如此，两人的友情依然很深厚。柳宗元去世之后，韩愈写下了《柳子厚墓志铭》《祭柳子厚文》《柳州罗池庙碑》等，只为表达对故友的思念。他不仅记录了柳宗元的家世、生平、政绩和为人，还赞颂了柳宗元的才能和品德，饱含惋惜之情。

有的人可能会觉得"互相理解"是一件很简单的事情，只要两个人有话说，不就是能"理解"了吗？但朋友之间的理解不是这么简单，也不是一朝一夕的事。真正能长时间在一起的两个人，在灵魂上是契

合的，能深入理解彼此的想法和做法。

互相理解是建立深层次友谊的基础，当我们能真正走进对方的内心世界时，便能感知到对方更深层次的需求，建立起信任感和尊重感，让彼此在交往的过程中达成新的默契。

著名诗人艾青说："朋友间的理解和体谅，使友谊之树常青。"在任何一段关系里，互相理解、互相包容、互相信任，都是维持关系的基础。双向奔赴的情谊最值得我们相信。

👍 支持朋友的决定

从朋友的角度看问题，理解朋友的决定。我们可以给朋友提意见，但是也要保持界限感；即便知道朋友的想法，也不能代替朋友做决定。我们要最大限度支持朋友的决定，坚定地站在朋友的那一边。

👍 有分歧时求同存异

朋友应该互相理解。每个人都有自己的想法和道理，都有自己看待问题的角度。当意见不统一的时候，我们没必要强迫对方接受自己的意见，也没必要急于证明自己，求同存异才能和平相处。

👍 有什么说什么

两人之间要坦诚相待，如果我们有什么不满或者疑虑，不要瞒着对方，可以找时间谈一谈，避免产生误会和猜疑。增加两个人之间的沟通和交流，也是增加互相理解和信任的机会。

PART 6
朋友相处，最难得的是情绪价值

最舒服的关系：彼此温暖，相互治愈

我们其实并不缺少朋友，可以一起吃饭、一起逛街、一起聚会，但当这些热闹散场之后，是不是还有人能留下来陪伴我们一起落寞呢？让我们感到最舒适、最温馨的朋友，是那个永远在不远处等待我们的知己，他们总能带给我们温暖和治愈。

这样的朋友随时可以联系，两人之间的友谊不会因为不联系而消失，也不会因为频繁联系而感到厌烦。就像我们走在下班路上感到很开心，随手给好友发了一条语音："刚下班，突然觉得很开心！"就短短几秒钟的时间，没有具体的内容，也没有前因后果，只是单纯想分享自己的喜悦，希望对方跟着我们一起快乐。不催促对方秒回，也不担心对方不回，就是如此随意和舒适。

王磊的家里每年都会收到一块来自 2000 公里之外的自制腊肉，20 多年来从没有间断过。而这个送腊肉的人，正是他父亲的好友李叔。

王磊的父亲和李叔是从小一起长大的发小，他们有相似的爱好和理想，两人甚至约定以后成家了还要做邻居。但是后来，他们中一人留在了家乡，一人去了大城市。两人之间相隔千里，可他们之间的往来从没有断过。每年李叔都会翻山越岭，带着他提前几个月就准备好的腊肉，从2000公里之外的地方赶过来。

两个人相见也不会做什么特别的事情，就是坐下喝喝茶、聊聊天，回忆一下青春时的往事，谈谈最近遇见的烦恼，互诉衷肠，温暖彼此。父亲每次都对王磊说："这辈子有一位像你李叔这样的好友，就足够了。"

朋友之间，不一定要两肋插刀、肝胆相照，但一定要性情相投。不论时间怎么流逝，两个人依然会牵挂彼此，把对方放在自己心里重要的位置上。真正的友谊，存在于琐碎的日常里。因为互相了解，所以能给予温暖的陪伴；因为互相熟悉，所以能够在艰难的岁月里治愈彼此。

俄国哲学家别林斯基说："真正的朋友不把友谊挂在嘴上，他们并不为了友谊而互相要求点什么，而是彼此为对方做一切办得到的事。"最舒适的友谊，或许不是绚烂多彩的，但我们总能在平淡中感受到对方充满热意的真诚，他们总能明白我们真正想要的是什么。

在电影《触不可及》中，一个成功的商人菲利普瘫痪在床上，照顾他的专业护工换了一个又一个，就是没有能让他满意的，直到他遇见了黑人小伙儿戴尔。戴尔是一个整天不务正业，有盗窃前科的小混混。两个人身份地位天差地别，但菲利普就是看中了他，因为只有他不把自己当作残疾人。

戴尔在照顾菲利普期间错误百出：他分不清沐浴露和乳霜，喂饭时走神，用奇怪的办法测试菲利普的腿到底是不是真的没有知觉，等等。戴尔总是马马虎虎，但菲利普却觉得很有趣、很放松。菲利普会陪着戴尔作画，戴尔也会陪着菲利普抽烟、玩滑翔伞。

两个人就这样建立起了深厚的友谊，彼此影响，彼此治愈。菲利普因此变得乐观，重燃了对生活的希望。戴尔也变得更理智，成为一个有出息的人。

快乐分享错了人，就会变成显摆；难过分享错了人，就会变成矫情。人与人之间最惬意的状态，莫过于和感到舒适的人在一起，彼此之间只有真诚，没有形式和模板，全都是放松和自在。

跟别人交往的时候，相处不累才能让关系保持长久的舒适。但凡需要我们努力迎合才能维持的关系，基本上都是错的。我们跟朋友聚在一起的时候，能够无拘无束地畅所欲言；分开的时候，也能各自忙碌自己的生活。我们可以在深夜畅谈对未来的感悟和期待，也能在白天专注自己的事情，顺便分享生活中的琐碎。即使互相牵挂，也不必常联系，但遇到难事了，却也能随叫随到。

我们内心有很多脆弱之处，大部分是不可对人说的，只有那个让我们感到舒适的人，才能让我们敢于袒露心事。因为我们相信对方是安全的，不但自己不会被出卖、背叛，对方反而还会想办法治愈我们。这种友谊就是：我愿意告诉你我的秘密，你也愿意保护我的脆弱；我愿意做你的依靠，你也愿意做我的保护者。

不拧巴不较劲，遇见更美好的自己

PART 7

最美的神情是气定神闲

许多人疲于奔波,常常陷入焦虑,总感觉自己心里空落落的,该做的事情没有做成,还总是把事情办得一地鸡毛。难的不是吃苦,而是吃苦时要保持从容不迫的心态。只有内心安定了,我们才能抵御周遭的浮躁。

过度的焦虑和紧张,只会让我们失去清晰的思维和敏捷的行动。当我们能沉下心来面对问题时,才能更准确地分析问题和解决问题,然后循序渐进展开行动。当我们的内心没有杂念时,才更容易听到自己心里的声音,从而找到真正的目标,做到全面思考,做出更有利的决策。

某天下大雨,老刘与妻子开车出行,跟一辆违规行驶的摩托车撞上了。老刘看见车子只是有点擦伤,觉得没什么大事,就准备跟摩托车车主私了。

没想到对方不领情，还捡起路边的架子往老刘的车上砸了过去。老刘一下子就怒火中烧了，想要跟对方动手。站在一旁的妻子拉住老刘说："别冲动，你这样解决不了问题。"老刘很快就明白了，也冷静了下来。他站在一旁看着对方砸完车后离开，也没跟对方争执。

交警很快就来了，把现场的情况调查清楚了。后面判决结果出来了，摩托车车主因违规行驶、故意损坏他人财物、肇事逃逸，不仅被吊销了驾照，还要支付罚款和赔偿款。老刘庆幸当时自己保持了冷静，不然可能也会受罚。

我们在情绪急躁的时候，很容易冲动行事，也容易做出让自己后悔的事情，但买单的永远都只能是自己。与其事后再后悔，不如等自己情绪缓和下来了再做决定。给自己一个冷静思考的机会，我们可能就会发现，事情也没有想象中的那么糟糕。

《菜根谭》中写道："宠辱不惊，看庭前花开花落；去留无意，望天上云卷云舒。"当我们习惯了快节奏的生活时，可能就会忘记停下来，忘记让自己的内心休息一下。

人生确实是一场长跑，需要我们拼尽全力向前，但真正的高手懂得适时停顿。一味地追求结果，身心得不到休息，也就没办法培养出气定神闲的心性。只有身心合一、修身养性，回归风轻云淡，我们才能获得一份自在安然。

某天，年幼的杨绛突然发现自己家的马车和马夫都不见了。后来她才知道，自己的父亲因为得罪了人被停职了。家里一下子没有了收入，只能把马车卖掉。

但是她父亲没有因为这样的境遇变得惶恐不安：没有马车坐，就坐人力车；没有工作，就专心研究植物标本。父亲看起来总是怡然自得，杨绛也受父亲的影响，身上多了股淡然处事的气度。

后来，杨绛的父亲辞官回到家乡，想重新开始一份事业，但刚到家就生病了，高烧不退，连医生也觉得回天乏术。亲人朋友们都在一旁哀叹，只有杨绛不哭不悲，镇定地在心里做打算：如果父亲真的一病不起，她就退学去做工，担起家里的重担。好在她父亲身体比较好，不久便慢慢恢复了过来。

我们越放松，内心的力量就越强大。就像朱光潜在《谈休息》里写到的：如果他在写作的时候，感到累了、写不出东西了，就会马上离开书桌，去外面散散步，让心神安宁下来；再回去写作时，自然下笔如有神。我们在面对各种事情时，不论是好事还是坏事，只要保持自己心态是稳定的，就有更多的能量来把事情处理得更好。

当我们眼界足够广阔的时候，那些烦心事都会变成路上毫不起眼的小石子。与其在不可理喻的事情中消耗自己，不如静下心来、低下头来，专心赶路。

👍 给自己10秒钟的停顿

在自己火冒三丈，马上就要冲动行事的时候，暂时停下自己的言语和行动，给自己10秒钟的时间，在心里从1慢慢数到10，让自己冷静下来。如果10秒钟的时间还是不够，就继续往下数，直到自己能保持镇静为止。

👍 接受自己紧张的情绪

越告诉自己不要怎么样,反而越会控制不住。此时我们不妨告诉自己,紧张或者慌张都是正常的,花一点时间感受自己的情绪,然后再做自己该做的事情。

👍 提前做好心理准备

很多时候,经历得多了人就会更加冷静。当我们要面对无法预料的结果时,可以提前做好心理准备。在做任何事情之前,我们都应该先了解清楚情况,包括事情的前因后果、可能遇到的困难和挑战等。这样我们才能做到心中有数,不至于手足无措。

② 该放手时就要果断放手

我们总是认为厉害的人从来不会半途而废，也不会懦弱退缩。但随着我们经历得多了，总会遇到某些坚持也没办法扛过去的困境。明明在咬牙坚持，但就是没有办法达到目的，根本没办法迎来"守得云开见月明"。

在我们追求目标、努力打拼、为情感付出的时候，其实会有人在旁边劝我们："你尽力了，可以放手了。"我们如此坚持，以至于总是忘记还有"放手"这个选择。放弃其实不代表失败，明智地放手有时更胜于盲目地坚持。

葛薇见过身边无数的分分合合，也看过许多爱情小说和案例，总以为自己已经看透了渣男，总觉得那些被伤害的女孩很傻，自己遇到了一定会果断分手。

葛薇跟自己的丈夫相恋6年，然后结婚。但是婚后没有半年,她丈夫就染上了赌博的坏毛病,天天夜不归宿地去赌钱,家产都赔了大半。朋友都劝她趁现在还没有孩子,赶紧离婚。葛薇却很犹豫,她舍不得这么多年的感情,也总觉得丈夫还有救。

就这么犹豫了一年,葛薇怀孕了。孩子快出生的时候,丈夫却跑了,家里天天有人催债,婚房也赔了出去。葛薇只能自己守着烂摊子,逃无可逃。

坚持本没错,但我们要明白坚持的意义和目的。就像沉没成本:当我们已经为某件事或者某个人投入了一定的资源之后,为了不让自己之前的付出打水漂,会选择投入更多的精力、金钱等等。这样的成本往往会导致我们在选择上出现偏差。

所以,光靠直觉是不够的,真正的智者都懂得适时放手。我们开始犹豫的时候,不妨比较一下继续下去和立即退出的得失,在多种可能中间选择最佳的一条路,果断舍弃那些对我们不利的因素。

放弃不是一件容易的事情,这种心态需要我们拿得起也放得下。没有哪条路是一定要走完的,也没有哪件事是一定要做完的,当我们已经识别出无法改变的情况时,放弃就成了唯一明智的选择。

曾经有一位僧人特别喜欢茶具,只要听说有品质好的茶具,就会想方设法亲自去鉴赏。如果那套茶具是自己喜欢的,他花再多钱也会买下来。在他收集的所有茶具中,有一只他最喜欢的茶壶。

某天,他用自己最喜欢的茶壶来招待好友。好友也很喜欢这只茶壶,就拿着把玩,结果一不小心摔碎了。僧人默默把茶壶的碎片收拾了起来,然后拿出新茶壶继续泡茶,依旧跟友人说说笑笑,好像什么事也没发生。

后来,有人问他:"这是你最喜欢的茶壶,被摔碎了,就不觉得可惜吗?"僧人平淡地说:"事情已经发生了,留恋又有什么用呢?不如再去找一只更好的壶。"

在合适的时间放手是一种明智的选择,这意味着我们能对自己进行客观评价,能意识到自己的不足和局限,这是我们追求更高目标的勇气。我们只有放下手中包袱,才能更好地迎接更多挑战。

余秋雨在《借我一生》里写道:"人生的路,靠自己一步一步去走,真正能保护你的,是你自己的人生选择。"人生的路并非只有前进和后退,我们还可以暂时放下,从这个路口拐个弯,另辟蹊径,这或许会令你豁然开朗。

👍 放下想不通的事情

有些事情可能会让我们感到困惑和烦恼,但就是找不到答案。我们不必为这些事苦恼,可以学着放下、试着接受,把剩下的精力放在那些能让自己感到快乐的事情上。

👍 放下留不住的人

有些人是注定会离我们而去,或是注定要错过的。当我们尽力之后,还是没办法让两个人进入一段健康的关系时,就不必再为这些人悲伤。可以试着放手和祝福,把真心留给适合自己的人。

👍 转移重心,战略性放弃

一些风险比较大的机会,如果我们暂时还没有能力和条件去拿下,那可以战略性放弃,先调整自己的状态,去积累更多资源。我们可以暂时把重心放在更紧急的事情上,把无法实现的事情当作长期目标,一点一点去实现。

③ 完美是奢望，缺憾才是人生

我们都想追求完美的人生，但完美只能是奢望，不能是必须实现的愿望。如果把它当作后者，只会让我们掉进负面情绪的泥潭当中，变得失落和沮丧。甚至那些我们能做到的事情，也会因为"完美"而被搞砸。

季羡林说："每个人都争取一个完满的人生。然而，自古及今，海内海外，一个百分之百完满的人生是没有的。所以我说，不完满才是人生。"人生不如意事，十之八九。如果我们什么事情都追求完满，生活也会变得毫无乐趣可言。凡事都有度，我们要允许身边的人和事有欠缺和遗憾，其实不完美才是人生的常态。

有师徒二人相约一起去赏荷花，但是时机不对，他们到荷塘边观赏荷花的时候，已经进入了深秋。荷塘里再也没有姹紫嫣红的盛景，只剩下凋零的荷花和枯黄的荷叶。

徒弟看着荷塘感叹："岁月无情，现在已经进入了萧瑟的深秋，看起来太伤感了，我们还是等到明年再来欣赏荷花吧。"但师父看完荷塘后,却满足地说:"我已经看到了荷塘的盛景,很高兴。"徒弟疑惑地说:"到处都是枯枝败叶,荷塘哪里还有盛景?"师父回答道:"荷花败了,莲子才能生;荷叶枯了,莲藕才会肥。这难道还不是盛景吗?"

在我们看来,"花谢"是遗憾,"月缺"也是遗憾。但正是因为有"花谢",才有"花开";有"月缺",才有"月圆"。因为遗憾,所以人们才会心生期待。我们不必常常追求完美,许多生命正是因为缺憾而美丽。

遗憾看起来是一种挫败,是一种达不到我们预期的缺陷。但是遗憾也给我们带来了反思,能让我们得到历练,收获成长。当我们变得更加强大的时候,曾经的遗憾可能就没那么重要了,我们也不再是当初那个扛不住风雨的自己了,这也是遗憾的意义。

蒲松龄故居的门口有一副对联:"一世无缘附骥尾,三生有幸落孙山。"这几个字写尽了他的遗憾,也展示了他收获的幸运。

被称为"鬼狐居士"的蒲松龄,一生的遗憾就是没有中举。他从19岁就开始参加科举考试,以县、府、道三考皆第一的成绩闻名乡里。在那个时候,蒲松龄在别人眼里俨然就是一颗冉冉升起的新星。但他却止步于此,在举人考试上屡战屡败,落榜了40多次,最终也没有考上。

在参加科举的这么多年里,他不断落榜,于是把心思花在了文学创作上,到处搜罗各种精怪奇谈,编成了《聊斋志异》这部千古奇书。

科举未中成了蒲松龄的遗憾,但正是因为这个遗憾,他走上了另一条道路。对于他来说,也许做个自在千古的文人,远远比在官场上沾染浊气要来得好。生活中虽然充满了遗憾,但同时,我们的生活也因为释然、感怀、成长、放下而变得更加美好。

莫言在《檀香刑》里写道:"世界上的事情,最忌讳的就是个十全十美,你看那天上的月亮,一旦圆满了,马上就要亏厌;树上的果子,一旦熟透了,马上就要坠落。凡事总要稍留欠缺,才能持恒。"人生没有草稿,往前走就没有回头路,所以没有完美可言,到处都存在或大或小的遗憾,但这才是我们最真实、最可爱的生活。

👍 给自己一点时间面对遗憾

我们要尽快接受现实,尽管过程会很痛苦,但这是释怀的第一步。不需要把自己逼得太紧,给自己一点时间来充分调整。可以时不时找个安静的地方,释放自己的情绪,充分宣泄自己的情感。

👍 找到遗憾中的教训

每一次的遗憾都是重要的经验,且已经不能回头,我们能做的就是尽快反思。比如,我们可能因为自己的忙碌而失去了跟亲人道别的机会,那之后就要学会调整生活和工作之间的平衡度,多花点时间陪陪家人。

👍 跟朋友倾诉自己的遗憾

给自己的遗憾找一个去处,当自己承受不了的时候,可以找亲密的朋友谈一谈,以期得到对方的理解和支持,帮助我们更好地面对遗憾。

4

活得累？请减少情绪内耗

你有没有这样的体验：下班回到家就倒在沙发上，直呼累死了，根本打不起精神做别的。事实上，一天的工作量并没有达到如此繁重的程度。

多数时候的累，都是因为情绪内耗导致的。比如，你一门心思要把文案写好，让领导眼前一亮，一次通过。但改来改去，总觉得不满意。于是，你很生自己的气，要求自己今天必须改到让自己满意的程度。然后，你开始跟自己较劲，却发现效果仍然不好。你恨不得把写好的文案全部推翻，重新再来。最后，文案没有完成，你焦虑不已。下班了，虽然你的身体已经不写文案了，但你的心却没有停止努力，这让你筋疲力尽。这就是情绪内耗。

你厌恶自己，就需要花费很多精力来埋怨自己，结果就感觉疲惫不堪，做起事来就越来越力不从心，效果也越来越差。然后你更加厌恶自己，表现更差，进入一个死循环。内耗让你精疲力竭，越来越不开心。

有人说，优秀的人都戒掉了情绪。其实，情绪就像吃饭，可以管理，但是无法戒掉。如果有人说戒掉了情绪，那只能说明他在拼命压抑情绪，或者连他自己都没有觉察。我们内心的愤怒、伤感、绝望、沮丧、抑郁……只会让心情越来越糟。

还有一种内耗来自于"情绪对抗"，就是当我们在做自己不喜欢的事情时，所表现出来的一种抵触的心理或者情绪。

> 林雪被手中的策划案搞得焦头烂额，明明她已经按照客户的要求改了，可发过去后客户依然能够挑出毛病。即便加班到心力交瘁，她还是无法让客户满意。
>
> 客户太难搞了，如果这次客户再退改，她"五一"带孩子出去游玩的计划就要泡汤了。她越想越烦，在和客户沟通的时候，难免带出了一些情绪，结果客户向老板告了她一状。

在生活中，人们的情绪很容易受到各种因素的影响。当我们选择了情绪对抗，并且做出对抗的行为之后，很容易让事情朝着糟糕的方向发展。

蔡康永曾经写过一段话："学校烂，上课闷，你就从此拒绝学习和阅读，以示抗议吗？杀错方向啦！他们教学失败，那是他们搞砸他们的工作。你拒绝学习和阅读，你是在搞砸你的人生啊。这不是抗议，是自残。你抗议的对象无感，而你自己尝苦果。就像你连续吃到三家烂餐厅，难道你就从此绝食，以示抗议吗？"

不喜欢的事，做一点就会累；喜欢的事，做再多也不觉得累。如果不能改变事情，那就让我们尝试改变心情。

> 有一个自由撰稿人，在工作的时候最常遇到的事情，就是被客户反复要求改稿。为此，他非常不高兴。每次收到这样的要求之后，他就会消极很长一段时间。

有一天,他读了一本关于情绪的书。于是,他试着去改变自己的消极想法。当他再一次收到客户要求改稿子的消息之后,没有去抱怨,而是开始进行分析:为什么被客户要求改稿子后,我会产生不愉快?他列举了几个原因:

1. 这会让我付出更多的劳动。

2. 我认为自己写得很好,完全没有改稿的必要,客户吹毛求疵。

3. 客户根本不专业,改稿的要求也非常可笑。

…………

列举结束之后,他找到了自己不高兴的根源,然后开始一条条去反驳:

1. 客户支付我稿酬,就是想要得到完美的作品。这其中包括购买了我的改稿服务。所以,客户要求改稿子天经地义。

2. 客户对自家产品比我更了解,改稿要求是从产品的角度出发的,我应该接受。

3. 大多数客户都是很优秀的,他们提出的要求只是从不同的视角提出自己的建议,我应该学会谦虚地接受。

…………

在给自己做了很长时间的心理分析之后,撰稿人发现再有客户提出改稿的要求时,他已经能够心平气和地接受,并且积极地去寻找自己究竟哪里出了问题。

越是面对不喜欢的事情,越要学会调整自己的情绪。尝试转换心态之后,我们会发现,其实那些自己不喜欢做的事情,并没有那么让人头大,只是需要多付出一点耐心和努力而已。

从负面情绪中
获取正能量

PART 8

1

嫉妒，促使你不断成长

日本学者诧摩武俊在《嫉妒心理学》一书中写道："所谓嫉妒，就是自己以外的人占了比自己优越的地位，或者是自己宝贵的东西被别人夺取，或将被夺取的时候所产生的感情。"嫉妒表现为冷漠、贬低、排斥或敌视，意在削弱或破坏对方的优势地位，体现一种强烈的竞争心理。

看到同事业绩比自己好，同学买房结婚，别人家的孩子成绩优秀，我们心里或多或少都有点不爽。这种"不舒服""不爽"都是因为嫉妒心理在作怪。即使是对最好的朋友、最亲近的家人，我们也有可能产生嫉妒。

引发嫉妒情绪很重要的一个原因就是攀比心理。培根说过："嫉妒总是来自于自己与别人比较，如果没有比较就没有嫉妒。"比较是我们的一种天性，就像大自然"优胜劣汰"的规律。我们从小就在比较，出生时比斤两，童年比灵性，上学比成绩，毕业比事业、家庭和老婆，然后循环回来比孩子，事事都要比较，而有比较就会产生嫉妒。

但是，凡事都有两面性，嫉妒也并非一无是处。嫉妒分为负面嫉妒和正面嫉妒，即消极型嫉妒和积极型嫉妒。消极型嫉妒就是我们常见的看不得别人比自己好，甚至做出伤害他人和自己的事情；积极型嫉妒就是能够客观看到自己在某方面技不如人，但是会以此作为激励，不断鼓励自己向上，最终超越他人。如果再进一步挖掘，其实嫉妒无所谓好与坏，关键在于我们如何使用它。

邢月一直苦于自己做不到更高的业绩，而和邢月一起进公司的几个年轻人都升职加薪了。这期间，有些老员工疯传升职加薪的年轻人肯定用了什么不道德的手段。

最初，邢月听到这些话的时候，心理上也会有一种莫名的安慰："原来他们是利用潜规则了，怪不得我比不过他们。"不过邢月是个好强的女子：不管你们道德不道德，我就是要超越你们。

于是，邢月不再去听信那些无意义的传言，一心一意地做自己的事情，最终一举超越了那几个年轻人。在领取年终奖的那一天，邢月自己在心中苦笑："现在轮到我不'道德'了。"

嫉妒的对象是不分等级的，我们可能嫉妒比自己层次稍微高一点的人，也可能嫉妒某互联网公司大佬，这就是嫉妒情绪下的"仇富情绪"。

改变自己的思维，化嫉妒为动力。当思维向消极型嫉妒倾斜时，我们要告诉自己虚心学习，通过嫉妒找到奋斗目标。我们要明白人无完人，允许自己有不如人的地方，接纳不完美。有些人总拿短处跟别人的长处去比较，这不是自找没趣的"人比人，气死人"吗？

客观认识到自己的不甘心，积极地把对生活现状的不满转化为追赶别人脚步的动力，我们就可以拥有比别人更好的生活。

无论是羡慕他人的优势，还是嫉妒他人的成就，这些都是人性内在欲望的本能驱动。这些内在能量在提醒我们，自己还有很大的进步空间。我们应该学会欣赏别人的成功，同时也要对自己的不足有清醒的认识，并通过学习和努力来弥补和改进。

嫉妒与欲望相辅相成，正是因为你有欲望，才会嫉妒他人的成功。这种欲望并非贪婪，而是你内心对更好生活的追求。学会理解内心的欲望，激发不断进取的决心，你才能更好地提升自己的能力。

👍 欣赏别人的长处

我们应该庆幸遇到了比自己更优秀的人和带给我们快乐的人。从这些人身上，我们能够发现并欣赏他们的优点和长处，这有利于提升我们自己。

👍 专注自己的长处

当孩子出现嫉妒情绪时，家长应教会他们欣赏别人的优势，正视自己的弱势。普通人也应该以此为契机正向引导自己，同时多挖掘自己身上的优点，化嫉妒为前进的动力，发扬长处，专注于自身的进步与提升。

👍 不要只拿自己的短处和别人的长处比

别人拥有的再多也与我们无关。幸福是需要靠自己去争取和把握的。更何况有些成功是不可复制的，每个人都有自己的征途。与其羡慕、嫉妒别人的成功，不如在自己的领域拼搏奋斗，自己和自己比。每天都有进步才是最务实的比较。

嫉妒是人类情感的一部分，我们不能完全消除它。但我们可以通过了解自己和他人，调整心态，化嫉妒为动力。

② 愤怒，帮助我们保持人格的完整

在我们一般的认知当中，愤怒好像只会带来消极的负能量。愤怒让我们血压上升、气血翻涌，甚至可能会让我们失去理智，做出一些失控的行为。愤怒是负面情绪，但也不完全是坏情绪，只要能清楚地分辨我们为什么会愤怒，然后进行正确引导，愤怒也能发挥很大的积极作用。

有研究表明，愤怒可以让我们在面临问题和困难的时候，尽力向目标前进，成为一种积极的力量、一种强劲的推动力。就好像我们期望得到某些东西，而愤怒会让这种期望更加强烈，从而让我们由内而外地迸发出强大的动力。

有个人每次生气的时候，就会用极快的速度跑回家，绕着自己的房子和土地跑两圈，然后再坐下来喘气。他工作努力，所以房子越来越大，土地也越来越广。但不论他的土地有多广，房子有多大，只要他生气了，就会绕着房子和土地跑两圈。

后来,他年岁已大,生气的时候就拄着拐杖,绕着自己的房子和土地走。等到太阳下山了,他才走完。他坐下来喘气的时候,孙子跑过来担心地对他说:"爷爷,您这么大年纪了,不能再跑了。您就告诉我您为什么要跑吧?"

他看着孙子认真的样子,就说出了自己的秘密:"我年轻的时候,会边跑边想,我的房子和土地这么小,哪有时间去跟别人生气。于是就消气了,把剩下的时间都拿来努力工作。后来我年老了,就边走边想,我的房子这么大,土地这么广,何必生气。于是又消气了,把剩下的时间都拿来享受生活。"

心理学家戈尔曼提出了一个"愤怒冰山"的模型,这个模型告诉我们:愤怒的下面还隐藏着悲伤、失望、无助等更深层次的情绪。据此,我们可以经由愤怒这个表象的情绪,看到"冰山"之下,我们真正的需求是什么。

我们深刻了解自己的愤怒时,就能利用愤怒对自己的人格和人生进行反向塑造。每次我们愤怒的时候,会知道这次的愤怒勾起了心里的哪一块创伤,然后就可以尽力去思考、去弥补。等到下次再发生类似的事情时,我们就不会再被它牵着鼻子走。我们越了解自己的愤怒,就会越不被愤怒所纠缠,内心也会变得逐渐强大。

而且愤怒还包含着自尊自重的力量。当我们的价值观和底线受到了侵犯,我们本能就会感受到危险,这让我们很难不愤怒。这也表明了愤怒其实是一种自我保护的情绪。就像害怕会让我们对危险的事情保持警惕一样,愤怒也会让我们对不公正的事情发出警报。

真正厉害的人,从来都不是平淡柔和的,总会有愤怒的一面,甚至还会具备一定的"攻击性"。为了维护独立的人格，我们会借用愤怒来表达自己的观点，展示自己的底线，让别人知道我们有自己的思想，也是"不好惹"的。

👍 用平和的方式表达自己的愤怒

愤怒代表着回击的力量，但不一定要使用暴力，还有很多平和的方式能表达愤怒。我们可以写信给报社、杂志社，投稿给新闻记者，可以为相关的事情做志愿者，还可以进行艺术创作、文学创作。用这些行动来表达自己的愤怒和抗议，同样也能引起他人的关注。

👍 用有氧运动舒缓愤怒

适当的愤怒能给予我们力量，而那些多余的愤怒可以用运动来排解。有氧运动就是很好的方式，比如骑自行车、慢跑、打羽毛球、打网球等等。我们还可以利用室外运动呼吸新鲜空气，开阔视野，让运动产生的多巴胺给予我们愉悦的心情。

👍 找寻合适的倾听者

愤怒也需要倾听者，这个倾听者可以是好友，也可以是自己的日记本，或者是互联网上不为人知的树洞。我们可以把让自己感到愤怒的事情写下来，在写的过程中将情绪稳定，再用力撕掉。如果还是觉得事情没有解决，可以找朋友表达一下自己的愤慨，但不能把朋友当情绪垃圾桶。

3

焦虑，是保持行动力的要素

焦虑是一种情绪变化，是我们面对未知事物的一种担忧和恐惧。我们即将要面临一场考试的时候，会焦虑；我们要做一项超出自身能力的任务时，会焦虑；我们面临被裁员和被开除的风险时，会焦虑。正因为我们期待着将来，而将来却充满着不确定的因素，所以只会焦虑。

焦虑是一种正常反应，甚至适当的焦虑对我们还有一定的帮助。正如著名心理学家阿尔伯特·艾利斯所说的："没有适当的焦虑，就没有动力。"将焦虑控制在合理的范围内，可以激发我们的行动力，让我们始终对自己保持高要求，勇于接受更大的挑战。

徐诗媛是典型的"别人家的孩子"，从小学习就很好，后来考上了一个好大学，保研也保到了名校，一毕业就去了大企业上班，年纪轻轻就获得了很多同龄人都无法达到的成就。

某天，徐诗媛跟朋友聊天时，抱怨自己有点焦虑。朋友听到这里的时候,有些惊讶,直接反问她:"你都这么优秀了,还有什么好焦虑的啊?"徐诗媛告诉朋友,她是故意在给自己制造一些焦虑,想让自己能有更多动力,能继续进步。她说:"我很需要焦虑。其实我身边都是很优秀的人,我只有给自己适当的焦虑,才能把它转化成动力,才能不落后于其他人。"

想要让焦虑彻底消失,其实是一个不可能完成的任务。无论我们平时生活得多么轻松,都有可能面临一些会让自己焦虑的事情。既然我们总有可能会焦虑,那么不妨多思考一下要怎么利用焦虑来维持自己的行动力。

瑞士心理学家卡尔·荣格说:"焦虑并不是我们的敌人,而是我们的朋友,它鞭策我们朝着目标前进。"焦虑作为一种催化剂,会促使我们去寻找问题的源头,并行动起来把它解决掉。而且旧的焦虑消失,新的焦虑又会在我们行动的过程中出现。我们会在解决旧焦虑、遇见新焦虑的交替中,不断获得成长,心态也会逐渐变得平稳。

于敏要在公司的大会上做一次演讲,她非常紧张,所以在演讲的前几天一直处于焦虑之中,不断地在脑海里想象各种可能会出现的糟糕场景。

她打电话对自己的朋友说:"如果我中途忘词了怎么办?如果我讲的内容他们都不喜欢听怎么办?如果我出了洋相怎么办?"于敏对自己朋友罗列各种情况,朋友耐心安慰道:"哪有那么多如果啊,别瞎想了。"

大会举行了,于敏演讲得非常顺利。她高兴地对朋友说:"虽然刚开始确实很紧张,但是因为我之前总在焦虑,所以准备得非常充分,演讲的时候很顺利就讲完了。"

真正击垮我们的,可能不是事实,而是头脑中那些灾难性的想法。我们坦然接受焦虑,直接行动起来的时候,反而会发现那些我们想象中的困难并没有那么可怕。所以,焦虑的程度很重要,合适的焦虑会帮助我们思考各种应对困难的方案,帮助我们在行动前做好充分的准备。

与其用焦虑给自己的人生设限,不如让焦虑推着我们前进,让我们在自己的人生阶段,淡定从容地不断用行动证明自己。

👍 想一想最糟糕的后果

我们可以想一想最糟糕的情况发生后,我们会面临的后果,仔细想想,可能也没什么大不了的。比如,我们担心自己工作上的项目会搞砸。我们可以想一下,如果搞砸了,难道就活不下去了吗?地球会毁灭吗?并不会,所以我们可以放开手去做。

👍 焦虑时,给自己一个选择

告诉自己,当我们预期会发生一件坏事的时候,焦虑是正常的。当我们有焦虑的时候,可以给自己一个选择:是带着焦虑放弃,还是带着焦虑去试一试。我们要告诉自己,既然焦虑避免不了,干脆勇敢尝试一下。

👍 用焦虑制定计划

如果总是担心事情会出错,我们可以针对焦虑的事情做一个应急计划。比如,我们可以在外出自驾旅行之前,把计划中可能发生的糟糕的事情写下来,提前做好攻略,研究好可能会经过的道路,等等。

4

自卑,让你努力超越自我

自卑,指的是由于低估自己而产生的情绪体验,其本质源于对自己的不接纳。每个人都存在自卑的心理,只是程度不同而已。自卑感达到某一程度时,会影响一个人的自我认知,让人对自身的能力出现不恰当的评价。

自卑感产生的原因,大致分为两种:内在因素和外在因素。

从心理学角度来看,自卑是个体通过在心理和行为层面与他人对比而形成的。这种对比在本质上都属于主动比较,因为无论是内在因素还是外在因素,只要你的内心拒绝这种比较,就无法产生自卑的情绪。

心理学家阿德勒认为,自卑是由个体天生的"缺陷"造成的。这种"缺陷"不仅指的是生理上的残疾或弱小,还包括主观幻想中存在的缺点,比如学历、能力等诸多方面。这就是导致自卑感的内在因素。我们主动将这些"缺陷"与他人做比较时,就容易产生自卑感。

而外在因素,指的是个体所处的环境。如果一个人在童年时代经常被强迫与"邻居家的孩子"做比较,久而久之,这种各方面都不如人的观点就会固着于心,形成自卑。而且,这种自卑感在很大程度上不会因年龄的增长而减少。

在现实生活中,大多数人都对自卑存在偏见,认为它是一种糟糕的负面情绪,是一种脆弱的表现。但是,心理学家阿德勒却认为:"我们每个人都有不同程度的自卑感,因为我们都想让自己更优秀,让自己过更好的生活。"自卑是每个人正常的情绪,也正是这种情绪,促使一个人不断地超越自我。

> 电影《风雨哈佛路》讲述了这样一个故事:
> 主人公丽斯出生在美国的贫民窟。对她来说,父爱和母爱是极其奢侈的。母亲长期吸毒酗酒,导致双目失明并患上了严重的精神分裂症,在她15岁的时候就撒手人寰,而父亲长期躲在收容所里。于是,丽斯在乞讨和流浪中度过了自己的童年。
> 然而,随着慢慢长大,她意识到只有读书才能改变自己的命运。在她真挚的恳求下,高中校长同意了她入校学习的请求。她用了2年的时间读完了4年的课程,并争取到《纽约时报》的奖学金,顺利地进入了哈佛大学。

是的,年幼时破碎的家庭导致丽斯的生活格外贫穷——不合身的衣服、散发异味的身体、乱糟糟的头发,这让她的自卑感与生俱来。但当她无法忍受这种自卑感时,她懂得改变自己,那就是让自己变得强大起来。

想要将自卑化为超越自我的动力,我们就要做到以下几点:

👍 勇于面对自身的"缺陷"

我们要敢于面对自身先天的"缺陷",敢于面对因后天努力程度不同所导致的与他人的差距,不要因为过去的失败或惩罚,而听任命运摆布或放弃自己。

👍 正确地总结原因

自卑的人看不到自己的价值,是因为他们陷入了一种固定思维模式,认为自己一定比不上他人,自己无法做出改变,进而长期处于强烈的耻辱感中。我们需要告诉自己,自卑是每一个人都会出现的情绪,即使成功人士也会存在某种程度的自卑感。

如果我们能够认识到自卑只是源自内心与他人的对比,每个人都拥有自身的价值,就能够从另一个角度去发掘超越自己的力量。

👍 有超越自己的信心

没有人是天生的弱者,每个人都有改变和超越自己的力量。当我们内心的意识开始转变时,要相信自己的能力,通过行动来完成从自卑到自信的蜕变。

总的来说,我们要正确地认识自卑。你感到自卑并不意味着你的能力比别人差,而是你对自己有着更高、更美的期望。面对自卑,你要不断地努力,精心填补自卑所造成的人生凹痕,让它变得饱满,让自己变得自信。